21世纪高职高专创新教材

机械制图习题集(第三版)

主 编 易慧君 姜丽萍

上海科学技术出版社

图书在版编目（CIP）数据

机械制图习题集 / 易慧君，姜丽萍主编. -- 3版.
上海 : 上海科学技术出版社, 2025.7. -- （21世纪高职高专创新教材）. -- ISBN 978-7-5478-7211-6
Ⅰ. TH126-44
中国国家版本馆CIP数据核字第2025XA2625号

机械制图习题集（第三版）
主编　易慧君　姜丽萍

上海世纪出版（集团）有限公司
上海科学技术出版社　出版、发行
（上海市闵行区号景路159弄A座9F-10F）
邮政编码201101　www.sstp.cn
上海普顺印刷包装有限公司印刷
开本 787×1092　1/16　印张 7
字数 170千字
2011年8月第1版
2025年7月第3版　2025年7月第1次印刷（总第13次）
ISBN 978-7-5478-7211-6/TH·113
定价：25.00元

本书如有缺页、错装或坏损等严重质量问题，请向工厂联系调换

内容提要

本习题集是根据教育部颁布的"高职高专机械制图课程教学基本要求(机械类专业适用)",按照高职高专的培养目标编写而成的。该习题集与易慧君、姜丽萍主编的《机械制图(第三版)》教材配套使用,习题的编写顺序与教材相同。习题集内容覆盖面广,题量适中,难易并存,方便学生和教师的取舍及因材施教。大部分习题配备了解题思路的视频、动画等动态学习资源,读者可以扫描二维码识读、学习。

本习题集可作为高等职业技术学院、高等专科学校、继续教育学院机械类、近机械类的机械制图配套教材,也可作为有关工程技术人员的参考用书。

第三版前言

本书是与易慧君、姜丽萍主编的《机械制图(第三版)》教材配套使用的习题集,是在第二版基础上修订而成的。

本次修订是随着科学技术的发展和高职教学改革的进一步深入,结合机械制图课程的教学现状,在汲取兄弟院校对《机械制图习题集(第二版)》的使用意见和部分专家对第二版的建议、全面贯彻新国标的基础上进行的。

本次修订在保留第二版特色和基本结构不变的基础上,主要做了以下几个方面的工作:

1. 大部分习题配备了解题思路的视频、动画等动态学习资源,以适应互联网时代的学习需求,读者可以扫描二维码识读、学习。
2. 项目一中修订了部分题目,降低了图形绘制难度,提高了图形清晰度,更方便学生学习掌握图样绘制。
3. 项目二中替换了基本体、截交线、相贯线、视图等知识点的部分题目,丰富了形体的结构类型,更便于学生分层学习。
4. 贯彻最新国家标准,将所有涉及国家标准要求的图样进行了梳理与修订。
5. 对习题集第二版进行查漏补缺、订正错误,以方便读者学习使用。

本习题集由南京科技职业学院易慧君、姜丽萍担任主编,怀化职业技术学院李柳、付昌星担任副主编。易慧君对全书进行了统稿和定稿。参加习题集编写的人员还有南京科技职业学院王姣、蔡建余,怀化职业技术学院杨阳,郴州职业技术学院陈巧莲等。

由于编者水平有限,加之时间仓促,书中难免有错误之处,期望广大读者批评指正。

本习题集参考答案在上海科学技术出版社网站"课件/配套资源"栏目公布,欢迎读者登录www.sstp.cn浏览、参考。

编 者

目　录

项目一　平面图形的绘制 ……………………………………………………………………… 1
　　任务一　绘制带斜度、锥度的平面图形 ………………………………………………… 1
　　任务二　绘制带圆弧连接的平面图形 …………………………………………………… 7
项目二　无精度要求形体图样的识读与绘制 ……………………………………………… 11
　　任务一　认识点、线、面投影 …………………………………………………………… 11
　　任务二　识读与绘制简单平面立体 ……………………………………………………… 17
　　任务三　识读与绘制简单回转体 ………………………………………………………… 18
　　任务四　绘制截交线 ……………………………………………………………………… 19
　　任务五　绘制相贯线 ……………………………………………………………………… 24
　　任务六　绘制组合体三视图 ……………………………………………………………… 27
　　任务七　识读组合体三视图 ……………………………………………………………… 30
　　任务八　绘制组合体轴测图 ……………………………………………………………… 38
　　任务九　识读与绘制机件视图 …………………………………………………………… 40
　　任务十　识读与绘制机件剖视图 ………………………………………………………… 43
　　任务十一　识读与绘制机件断面图 ……………………………………………………… 49
项目三　典型零件图的识读与绘制 ………………………………………………………… 55
　　任务一　认识零件图 ……………………………………………………………………… 55
　　任务二　绘制零件图 ……………………………………………………………………… 62
　　任务三　识读零件图 ……………………………………………………………………… 64
项目四　标准件与常用件图样的识读与绘制 ……………………………………………… 68
　　任务一　识读与绘制螺纹与螺纹联接件图样 …………………………………………… 68
　　任务二　识读与绘制键、销联接图样 …………………………………………………… 72
　　任务三　识读与绘制齿轮图样 …………………………………………………………… 75
　　任务四　识读与绘制滚动轴承与弹簧图样 ……………………………………………… 78
项目五　装配图的识读与绘制 ……………………………………………………………… 79
　　任务一　认识装配图 ……………………………………………………………………… 79
　　任务二　测绘装配体 ……………………………………………………………………… 81
　　任务三　识读装配图、拆画装配体零件图 ……………………………………………… 91
项目六　用AutoCAD 2024绘制二维图形 …………………………………………………… 97
　　任务一　用AutoCAD 2024绘制与编辑平面图形 ………………………………………… 97
　　任务二　用AutoCAD 2024完成平面图形的文字与尺寸标注 …………………………… 99
　　任务三　用AutoCAD 2024绘制零件图 …………………………………………………… 101
　　任务四　用AutoCAD 2024绘制装配图 …………………………………………………… 103
参考文献 ……………………………………………………………………………………… 105

项目一　平面图形的绘制
任务一　绘制带斜度、锥度的平面图形

1-1-1　字体练习。

1. 汉字。

机械制图职业技术教育比例材料数量螺栓轴承标准

机械制图职业技术教育比例材料数量螺栓轴承标准零件装配

2. 字母。

ABCDEFGHIJKLMNOPQRSTUVWXYZ

abcdefghijklmnopqrstuvwxyz

3. 数字。

0123456789

1-1-2 图线练习——将下列图线(图形)抄画在右边空白处。

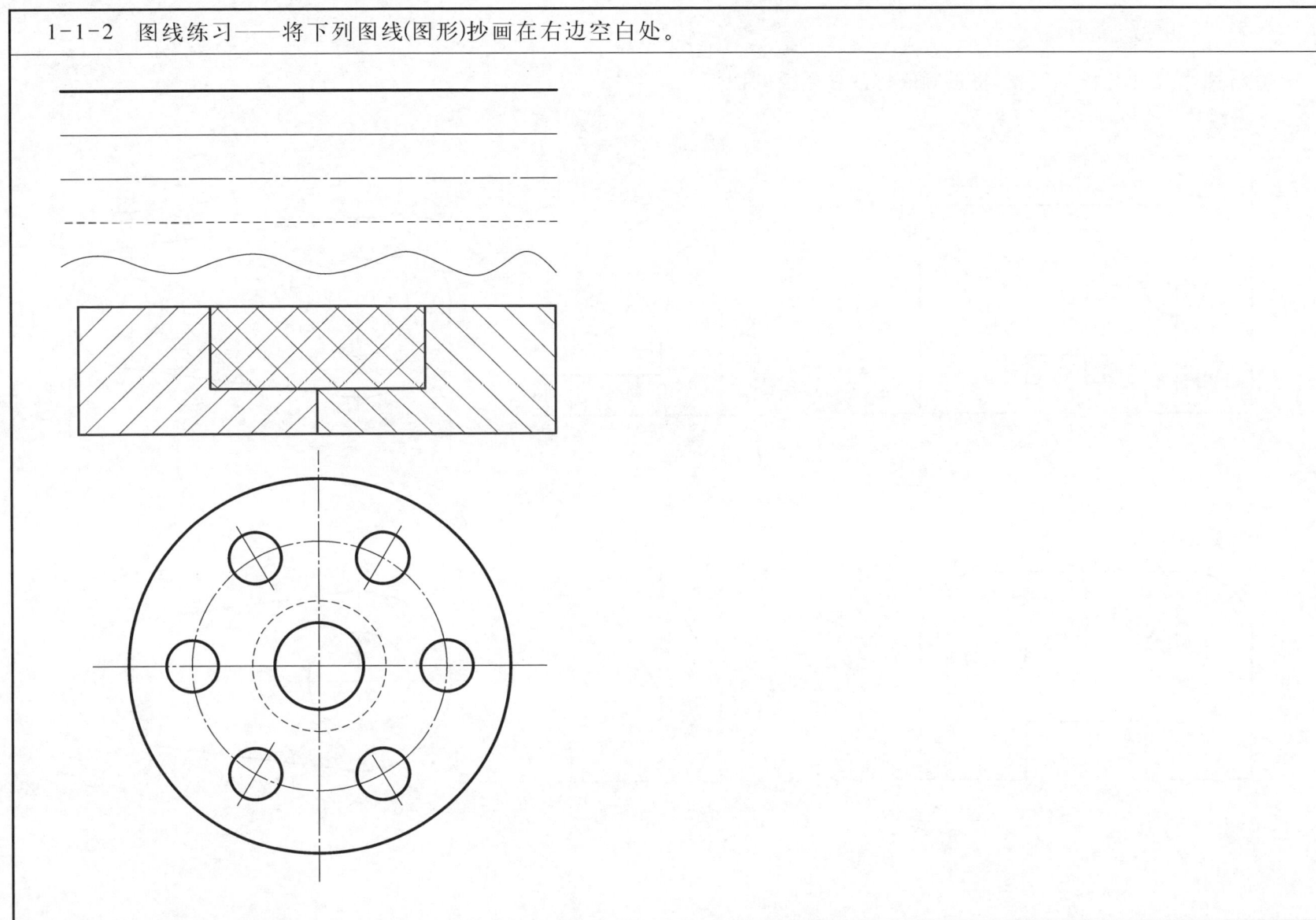

1-1-3 尺寸标注练习。

1. 分析图中尺寸标注的错误，将正确的标注在下面的图形中。

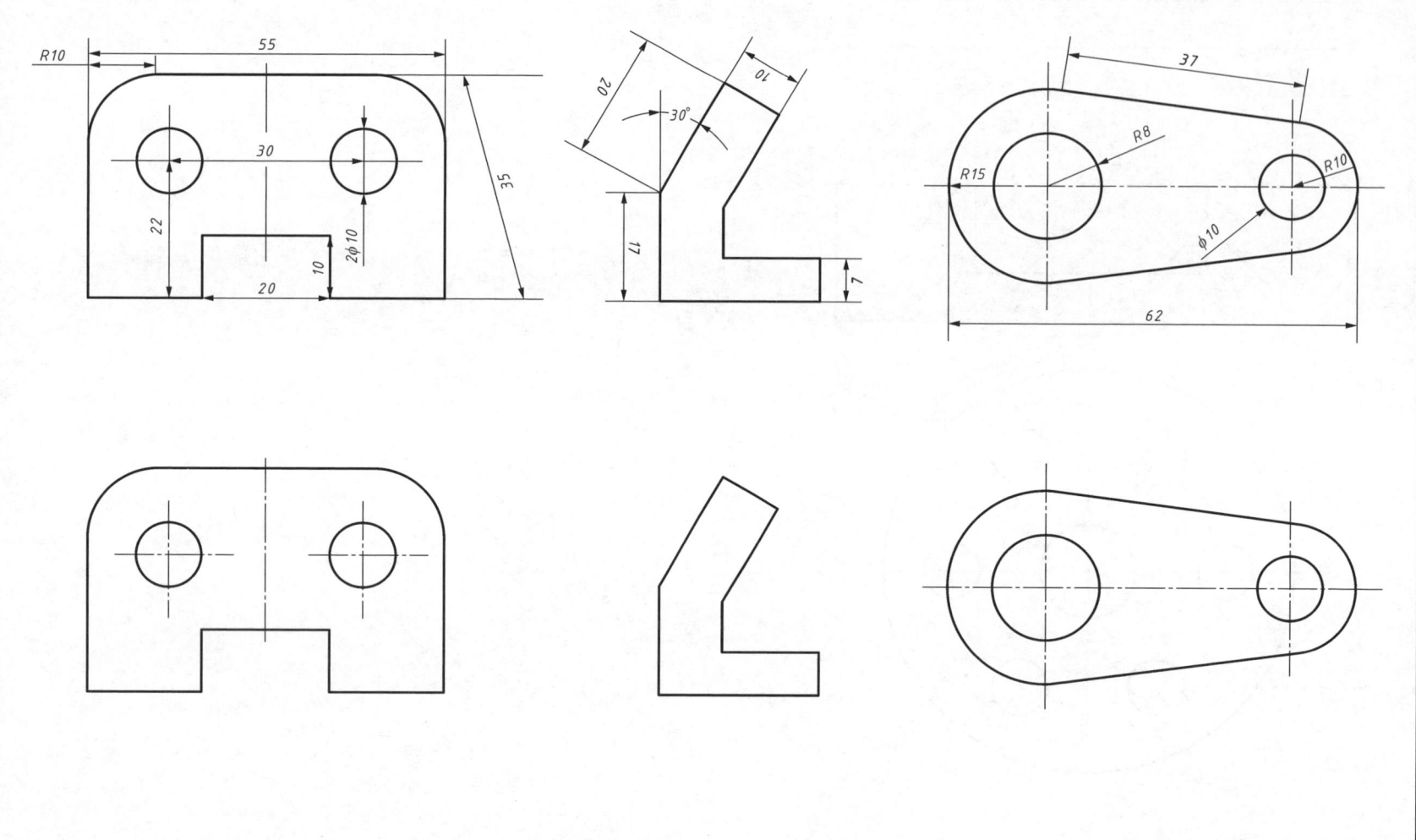

2. 标注下列各图尺寸,尺寸数值按1:1从图中量取并圆整。

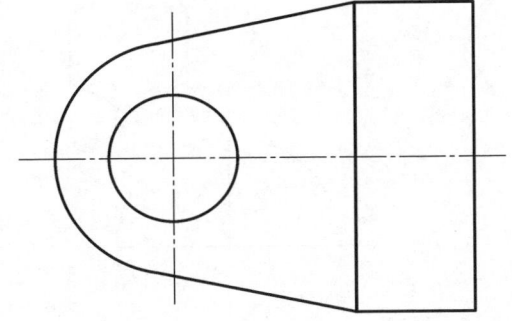
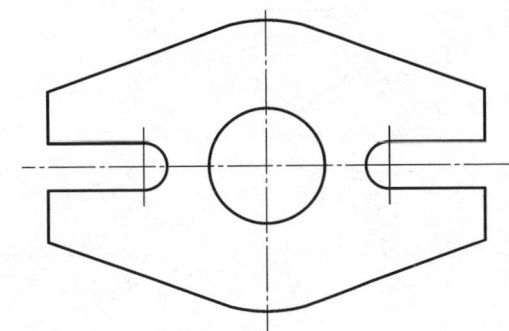
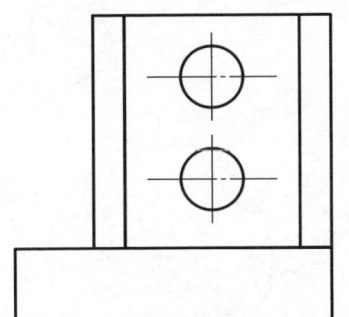
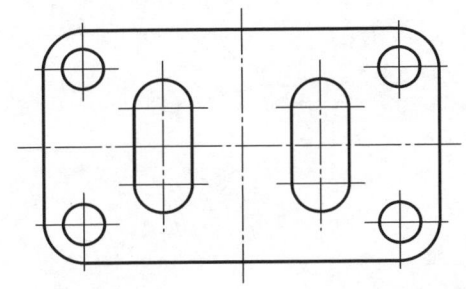
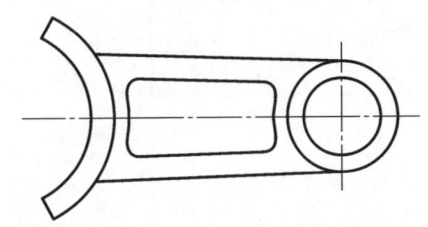
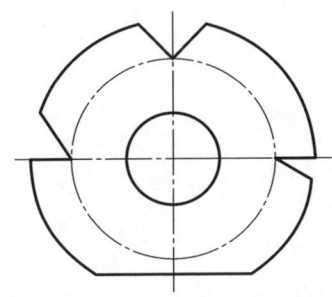

1-1-4 绘制正多边形与带斜度、锥度的平面图形。

1. 根据上一排图例,在下一排中绘制对应正多边形。

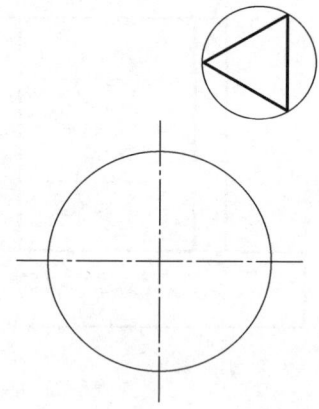
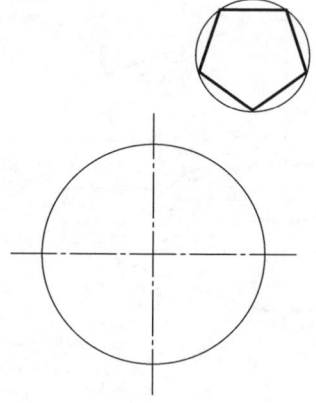
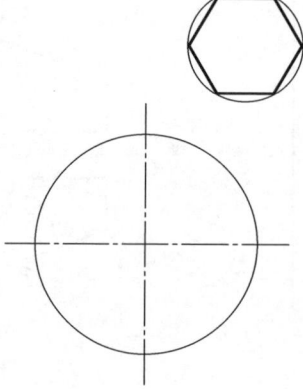
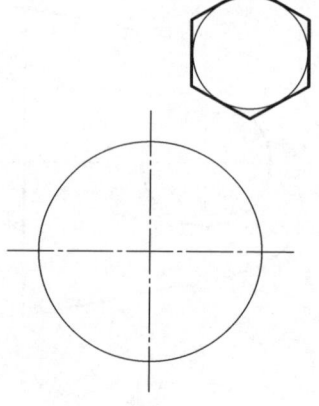

2. 按1:1比例在下面抄画右边示意图,并标注尺寸。

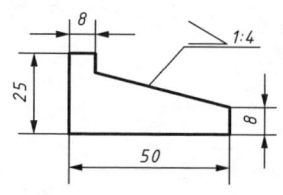

3. 按1:1比例在下面抄画右边示意图,并标注尺寸。

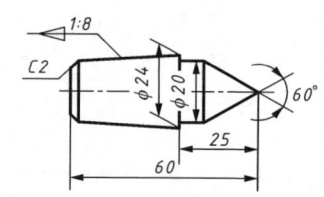

任务二　绘制带圆弧连接的平面图形

1-2-1　椭圆绘制与圆弧连接练习。

1. 用四心法近似画出椭圆(长轴70,短轴45)。

2. 按1:1比例在下面空白处抄画右面示意图，并标注尺寸。

1-2-2 徒手画图练习(按1:1比例绘制)。

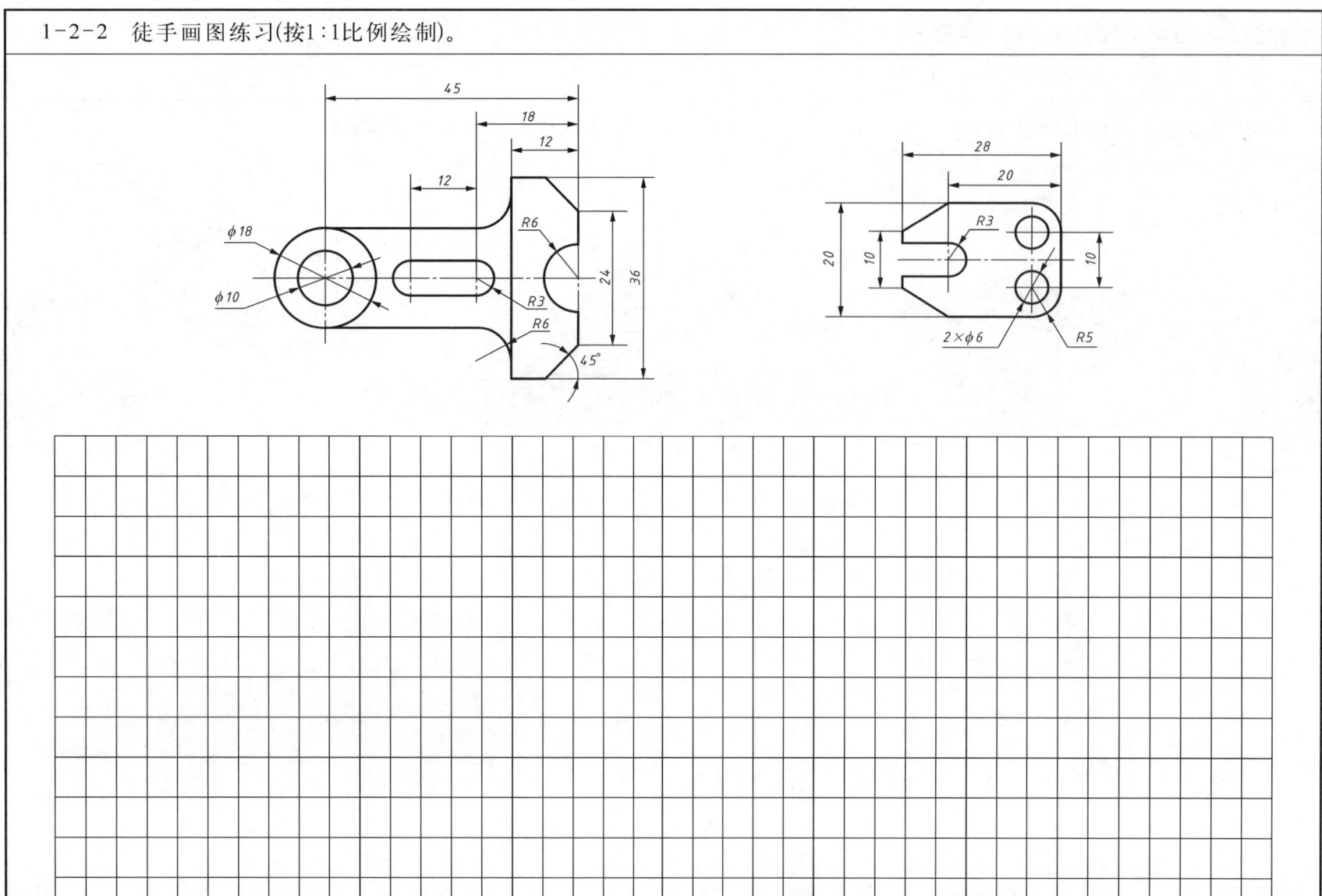

班级　　姓名　　学号

1-2-3 抄画下列平面图形。

1. 作业内容：根据下面所示的平面图形，选择适当的图纸幅面和绘图比例，在图纸上选择抄画一平面图形，并标注尺寸。
2. 作业要求：布图均匀，步骤正确，作图精确，线型、字体规范，符合国家制图标准要求，标题栏填写正确，图面整洁。

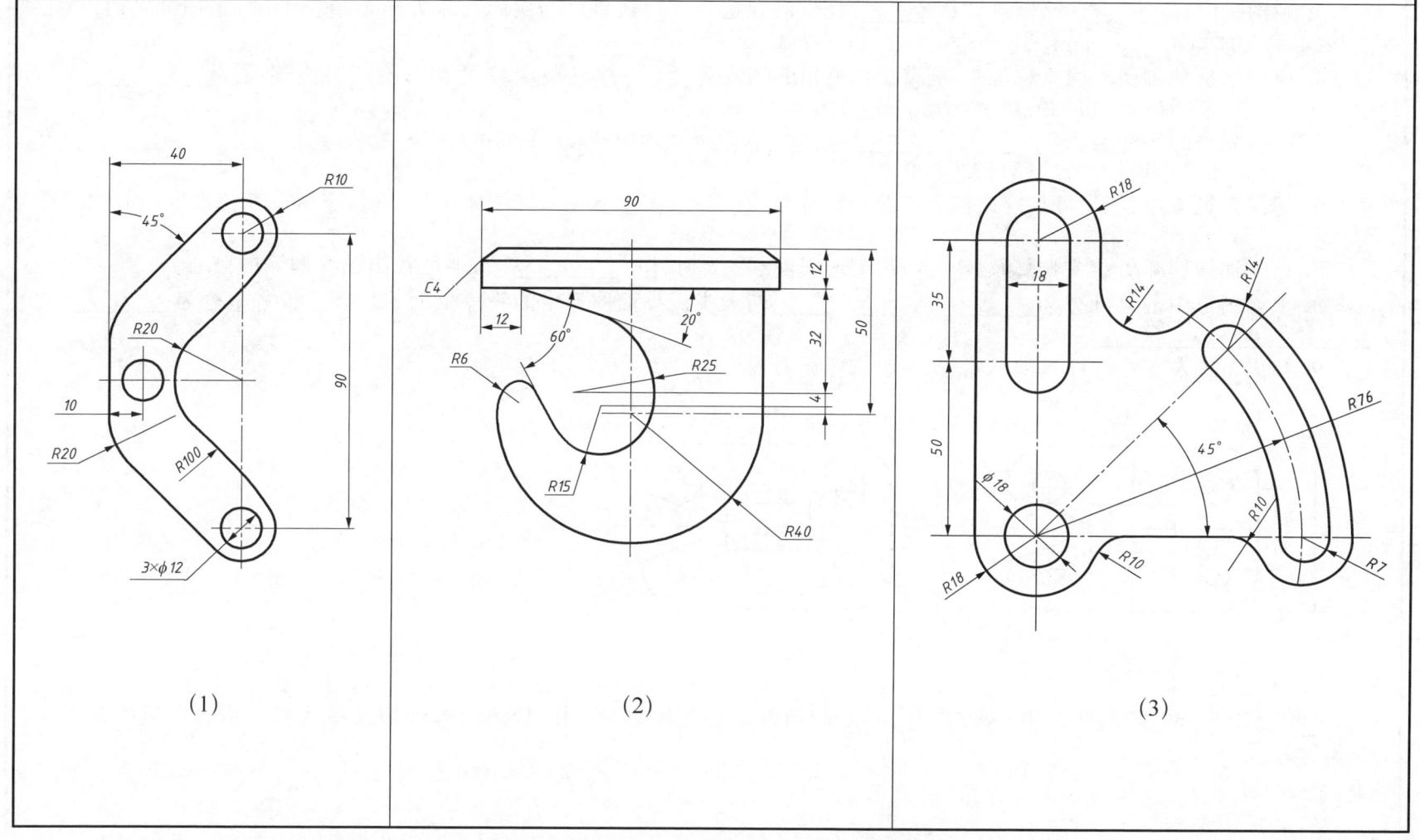

(1)　　　　　　　　　　(2)　　　　　　　　　　(3)

班级　　姓名　　学号

基础知识测验题

1. 《机械制图》国家标准规定：图纸基本幅面有____种，A3幅面是A2幅面大小的_____。
2. 通常情况下图纸的装订边在图纸的____边，标题栏在图框的____角，必要时标题栏可转到图纸的____。
3. 画图时1∶1是_____比例，1∶2是_____比例，2∶1是_____比例。当实际物体大小为200 mm时，若图纸采用1∶5比例，图中的长度应为_____mm。
4. 现行《机械制图》国家标准中，机械制图使用的图线为_____种线型，其中粗线有三种，分别是_____、_____、_____，其余均为细线。粗细的线宽比是_____。
5. 一组完整的尺寸是由_____、_____、_____等要素组成，线性尺寸数字一般应标注在尺寸线的_____方或_____方。图样中所注的尺寸数值为机件的_____尺寸。
6. 标注直径或半径尺寸时，应该在数字前加注符号_____或_____，标注球体尺寸时，应该在直径或半径前加注符号_____。
7. 已知连接圆弧R、给定圆弧R_1、R_2。当用R外切连接R_1、R_2时，用_____为半径找出连接圆弧的圆心。
8. 平面图形中的尺寸分为_____、_____两大类。平面图形中的线段根据其尺寸是否齐全分为_____、_____、_____三类。
9. 找出下面左图中标注尺寸的错误，并改正标在右图中。

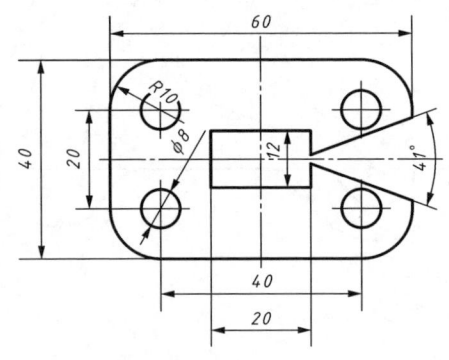
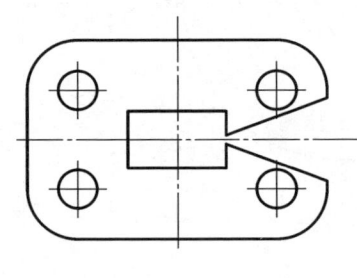

10. 已知圆$\phi 30$、$\phi 15$，两圆中心距40，试用$R45$的圆弧内切连接两圆，用$R15$的圆弧外切连接两圆。请将图形画在上方空白处。

项目二　无精度要求形体图样的识读与绘制
任务一　认识点、线、面投影

2-1-1　根据物体的轴测图找出对应的三视图，在括号内填写相应的编号。

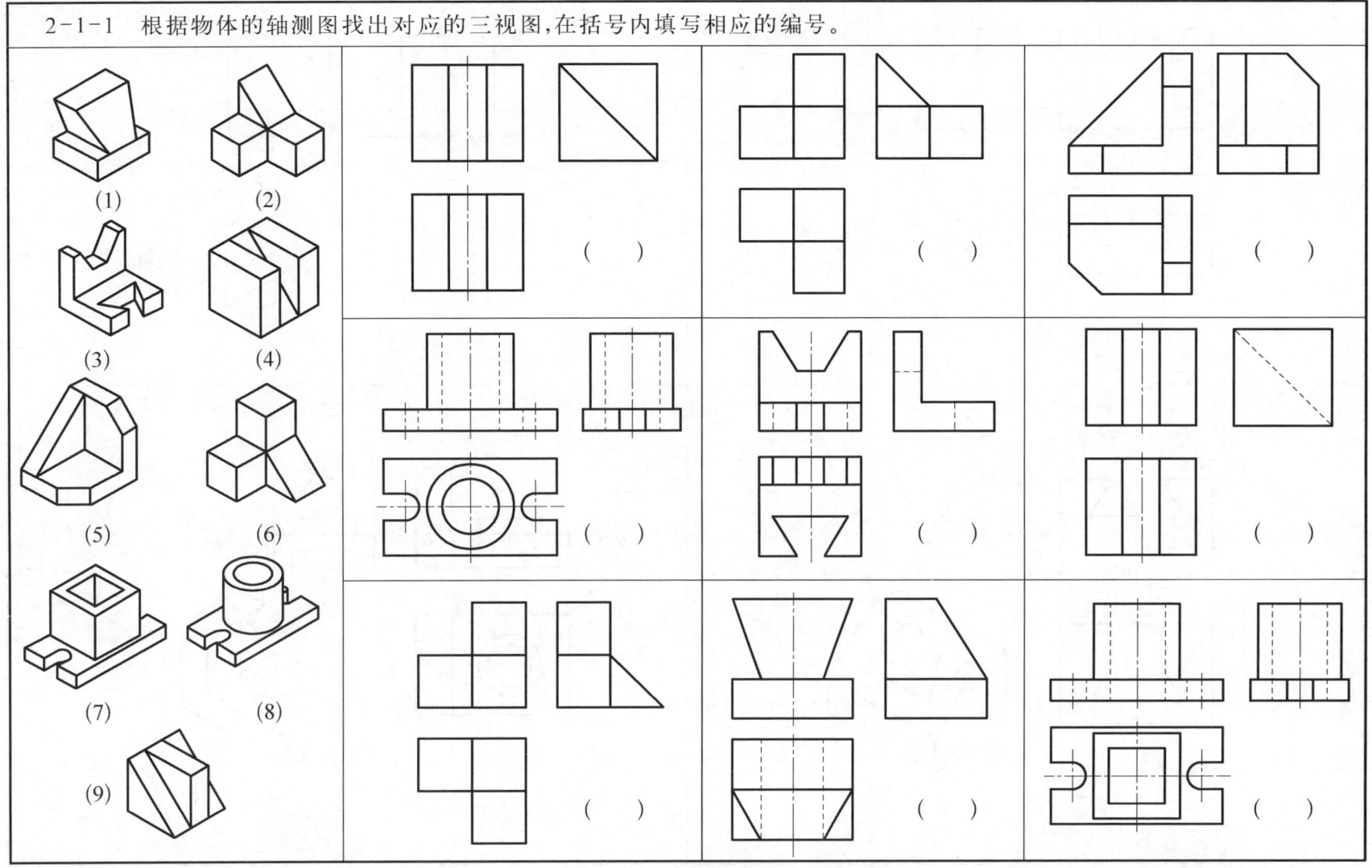

2-1-2 参照轴测图,补画三视图中所缺的图线。

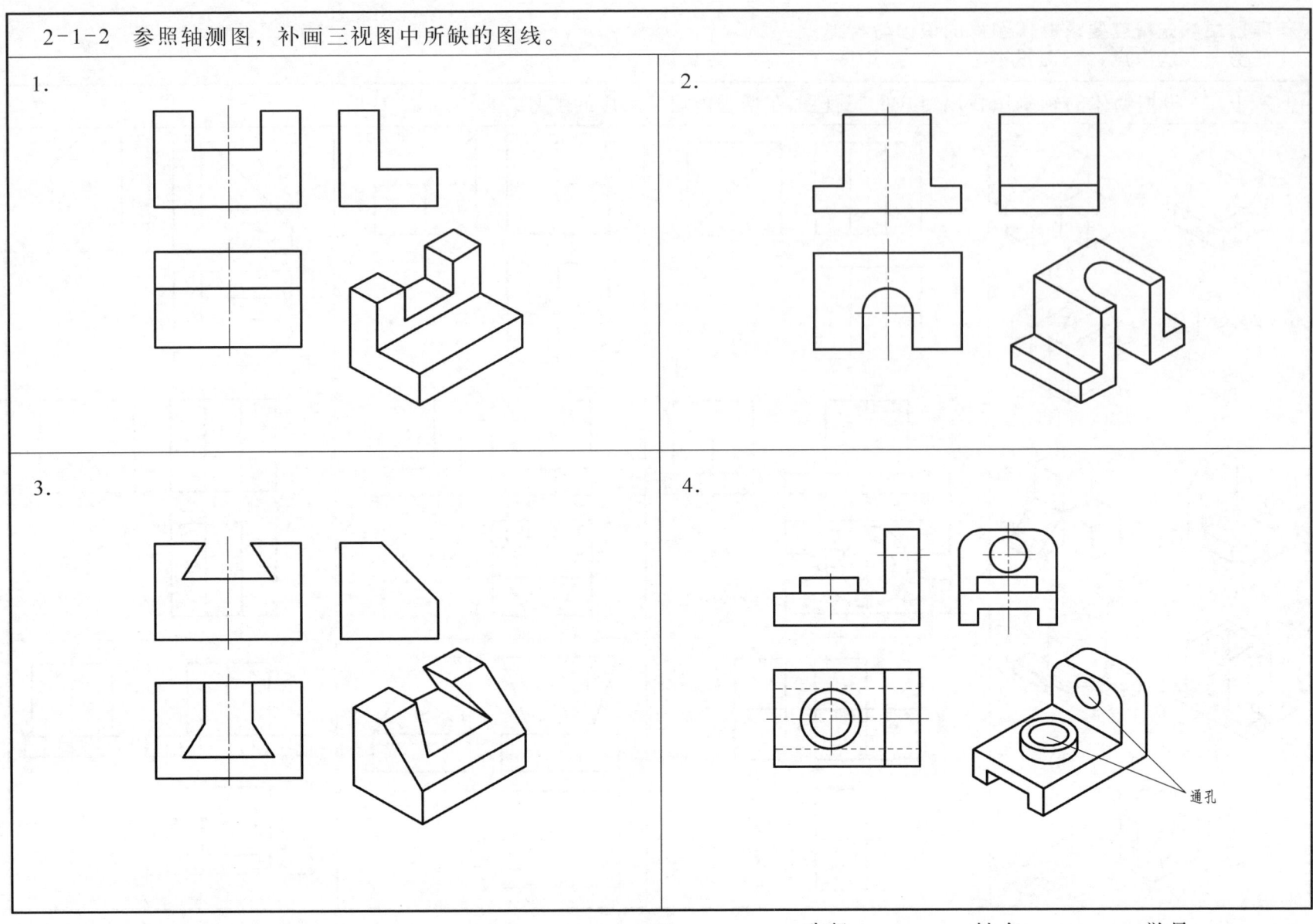

2-1-3 根据直观图画出各点的两面投影图,并写出各点坐标(尺寸按1∶1从直观图中量取)。

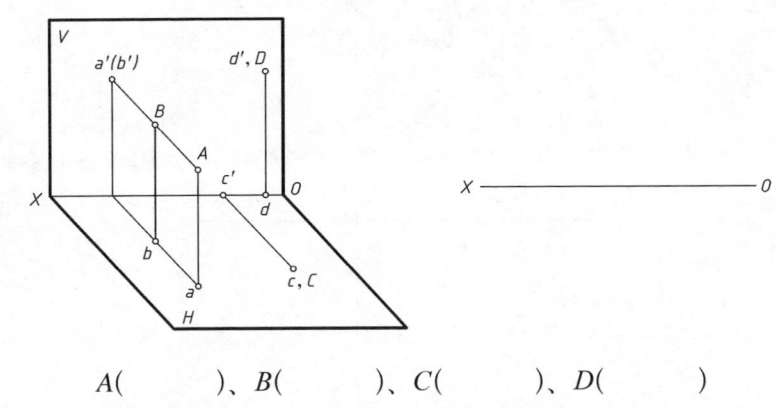

A(　　　)、B(　　　)、C(　　　)、D(　　　)

2-1-4 已知A点距H面15 mm、V面20 mm、W面10 mm,B点距H面20 mm、V面0 mm、W面15 mm,试画出各点的三面投影图。

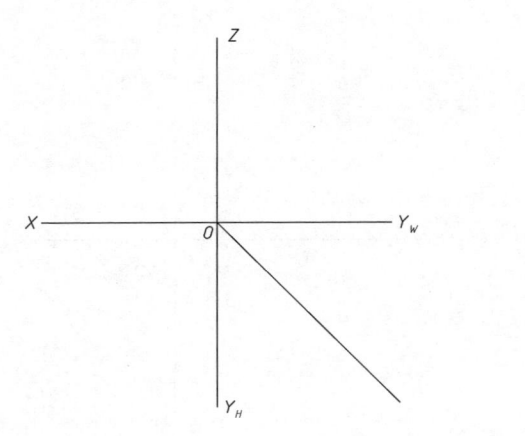

2-1-5 已知各点的两面投影,画出它们的第三面投影。

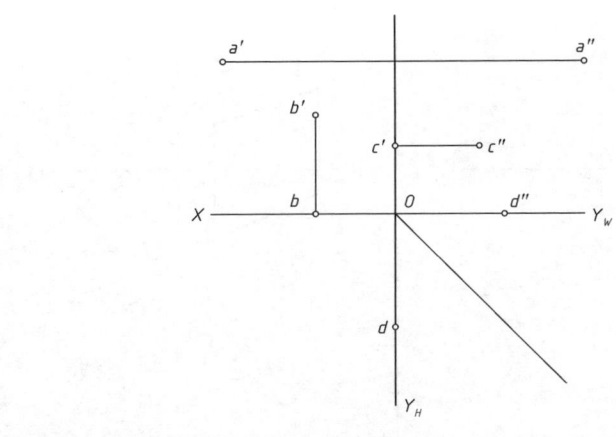

2-1-6 已知A点的两面投影,B点在A点的左方15 mm、前方10 mm、上方10 mm处,求B点的三面投影。

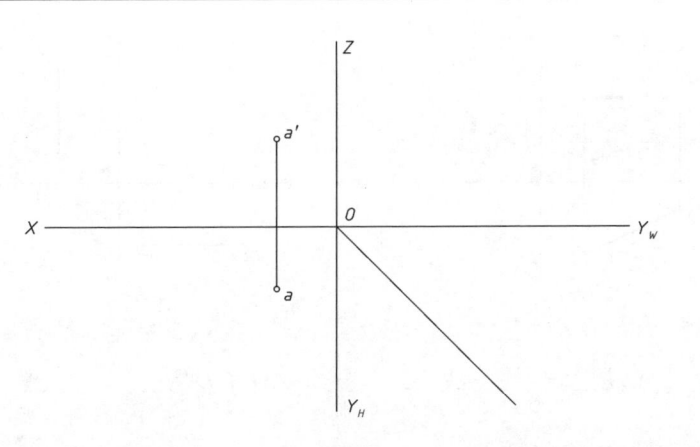

班级　　　姓名　　　学号

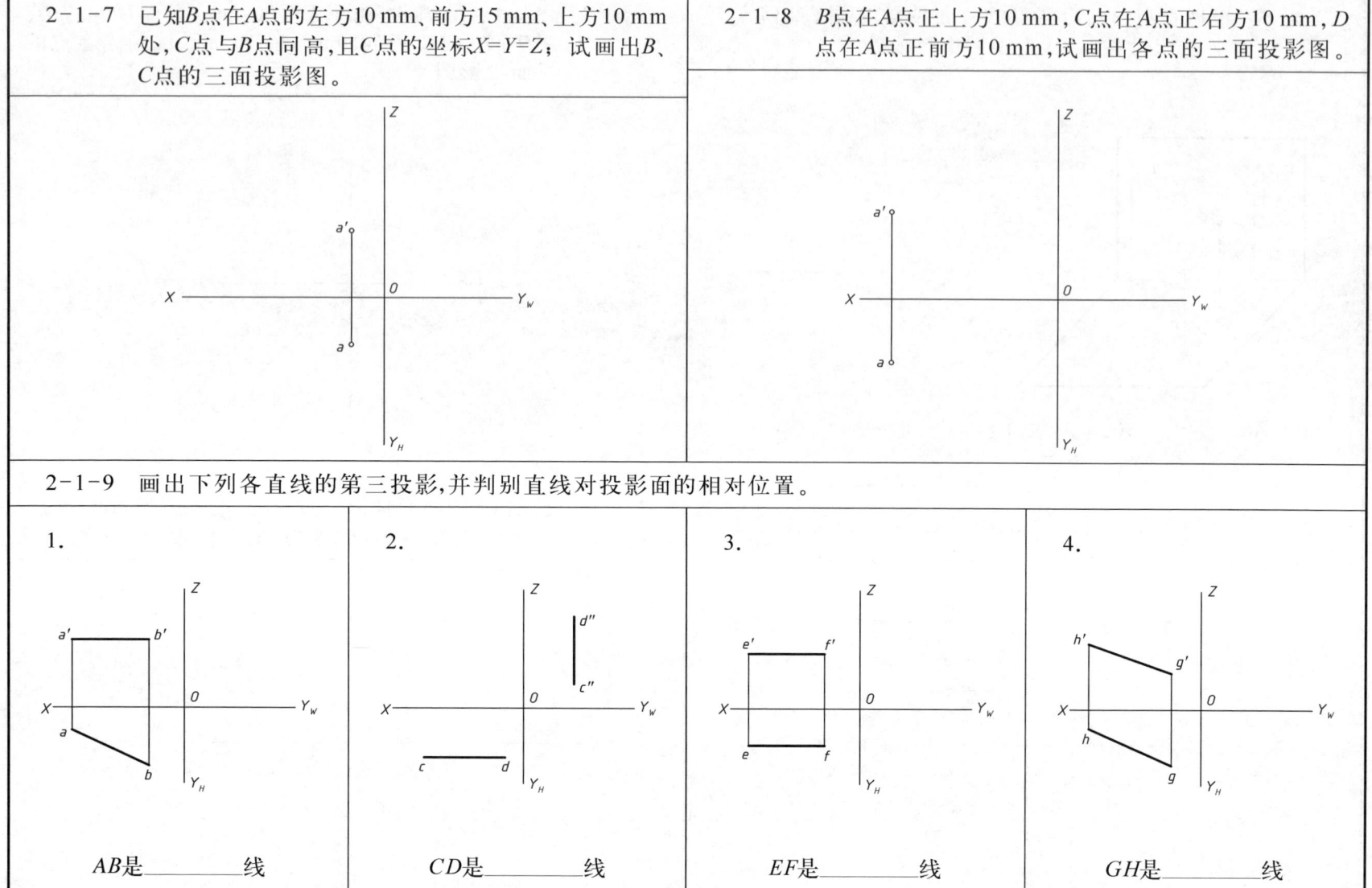

2-1-10 根据已知条件完成直线的三面投影。

1. AB是侧平线,距离W面18 mm。

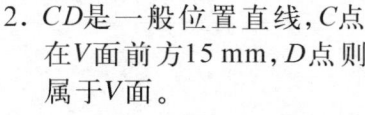

2. CD是一般位置直线,C点在V面前方15 mm,D点则属于V面。

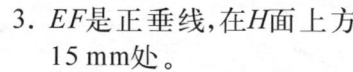

3. EF是正垂线,在H面上方15 mm处。

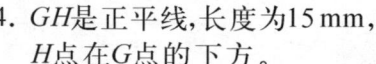

4. GH是正平线,长度为15 mm,H点在G点的下方。

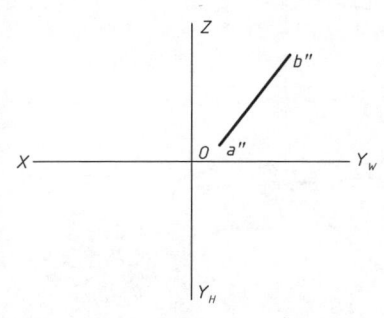

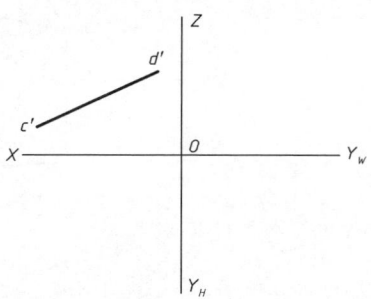
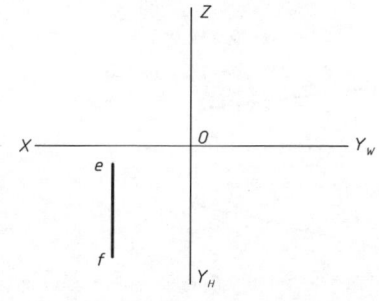
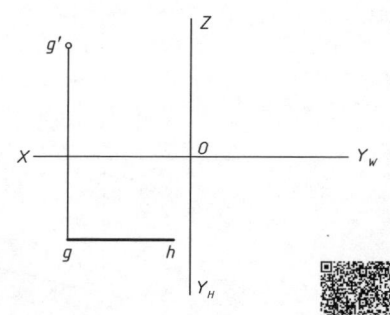

2-1-11 已知△ABC在图示平面内,补全其正面投影。

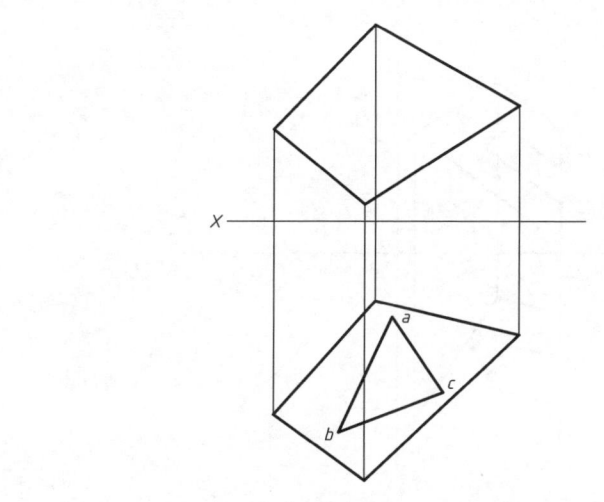

2-1-12 补全平面的投影。

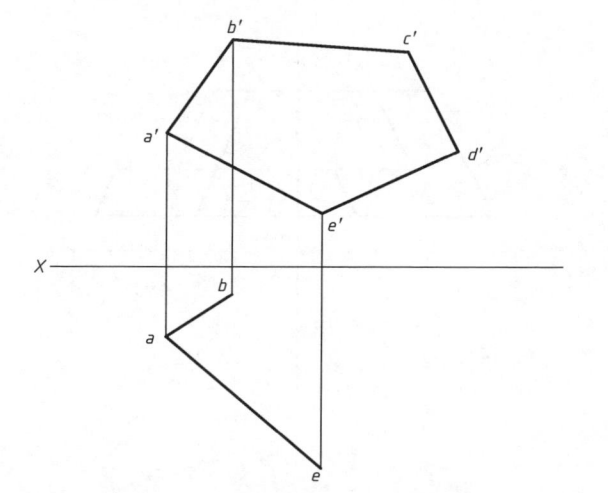

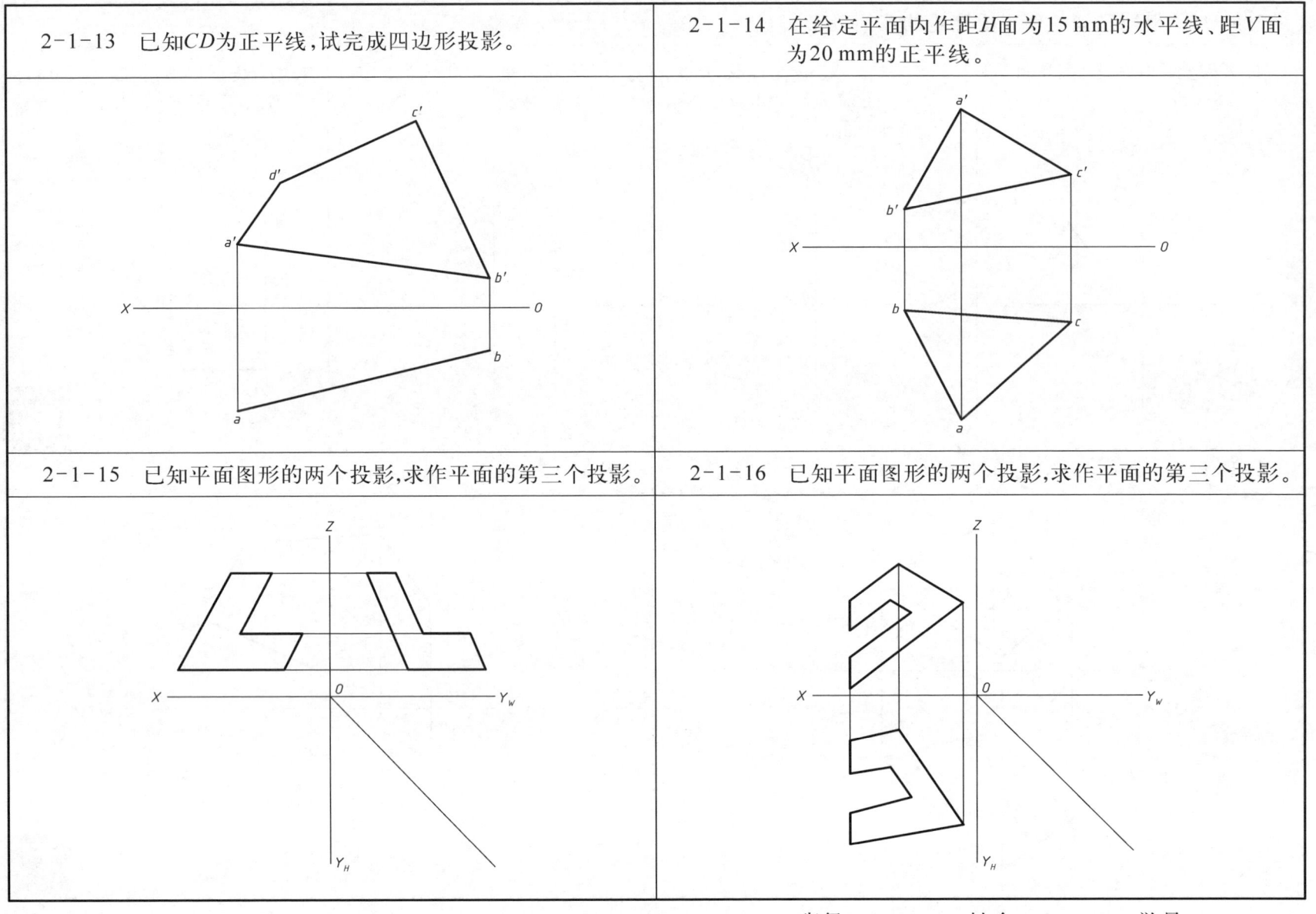

任务二　识读与绘制简单平面立体

补画下列平面立体的第三投影,并画出表面上点的另两面投影。

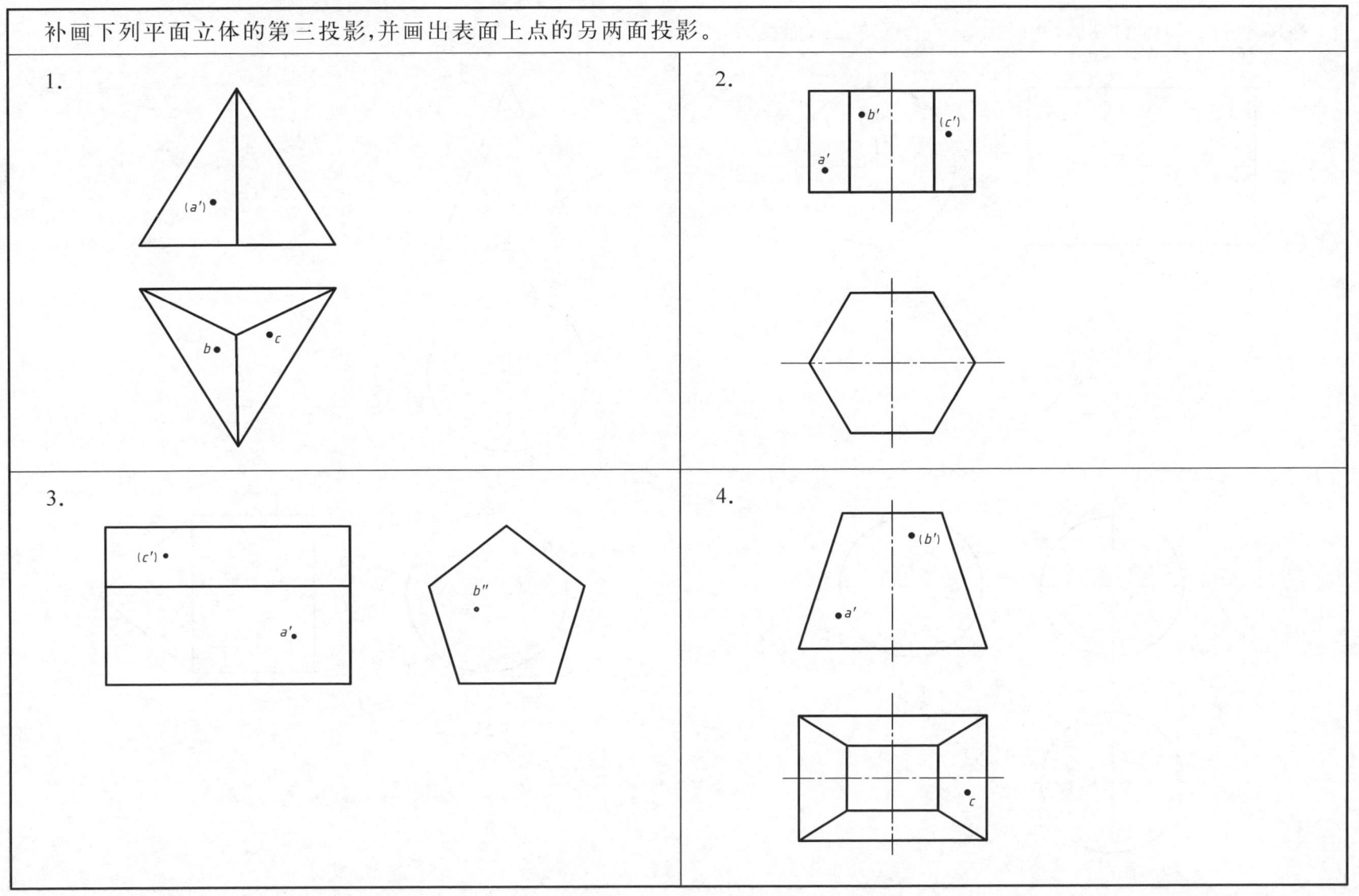

任务三　识读与绘制简单回转体

补画下列回转体的投影，并画出表面上点的另两面投影。

1.

2.

3.

4.

任务四　绘制截交线

2-4-1　求四棱锥截切后的侧面投影，并补全投影。	2-4-2　求三棱锥截切后的侧面投影，并补全投影。

2-4-3　求四棱柱截切后的侧面投影。	2-4-4　求六棱柱截切后的侧面投影。

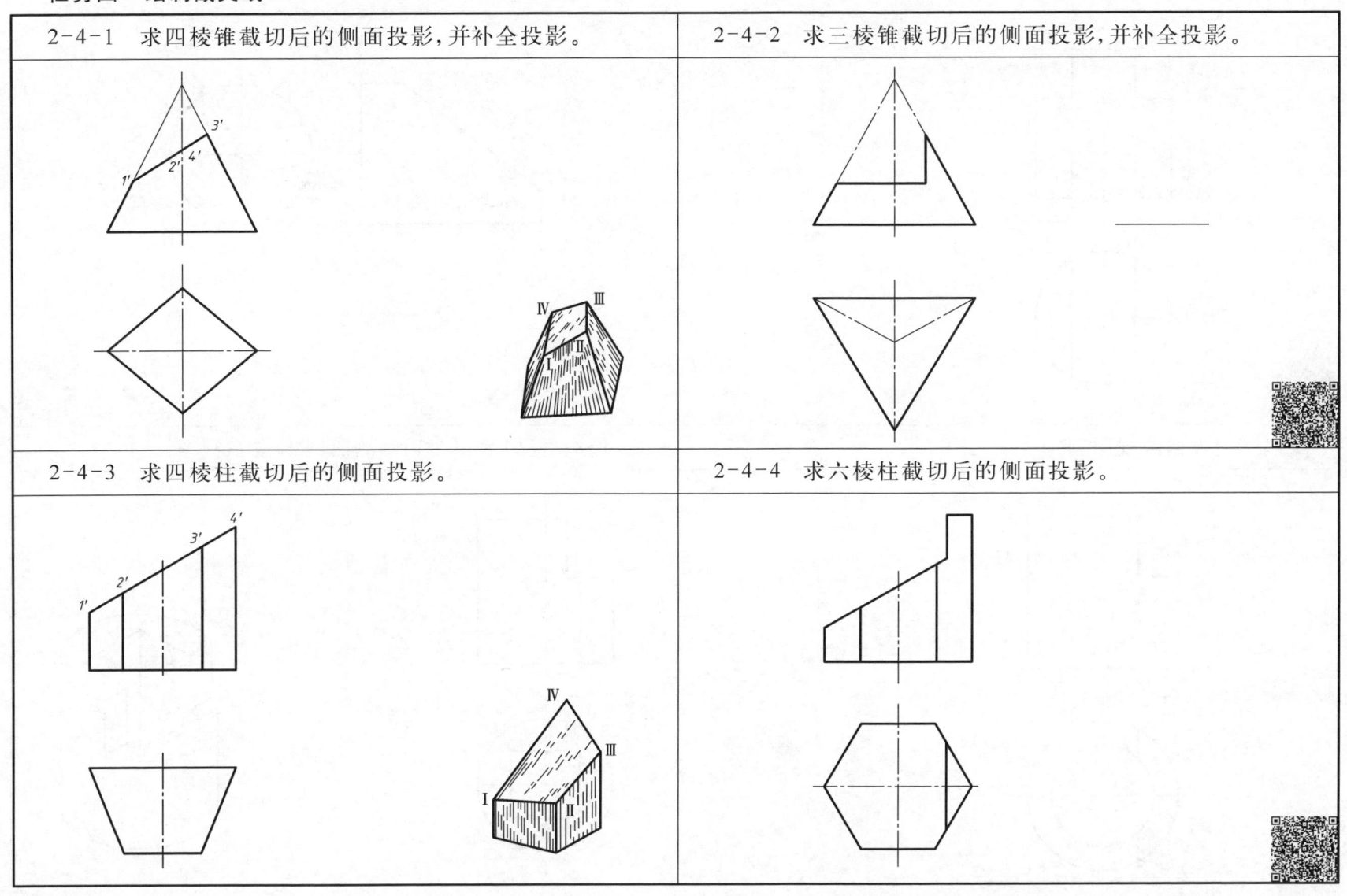

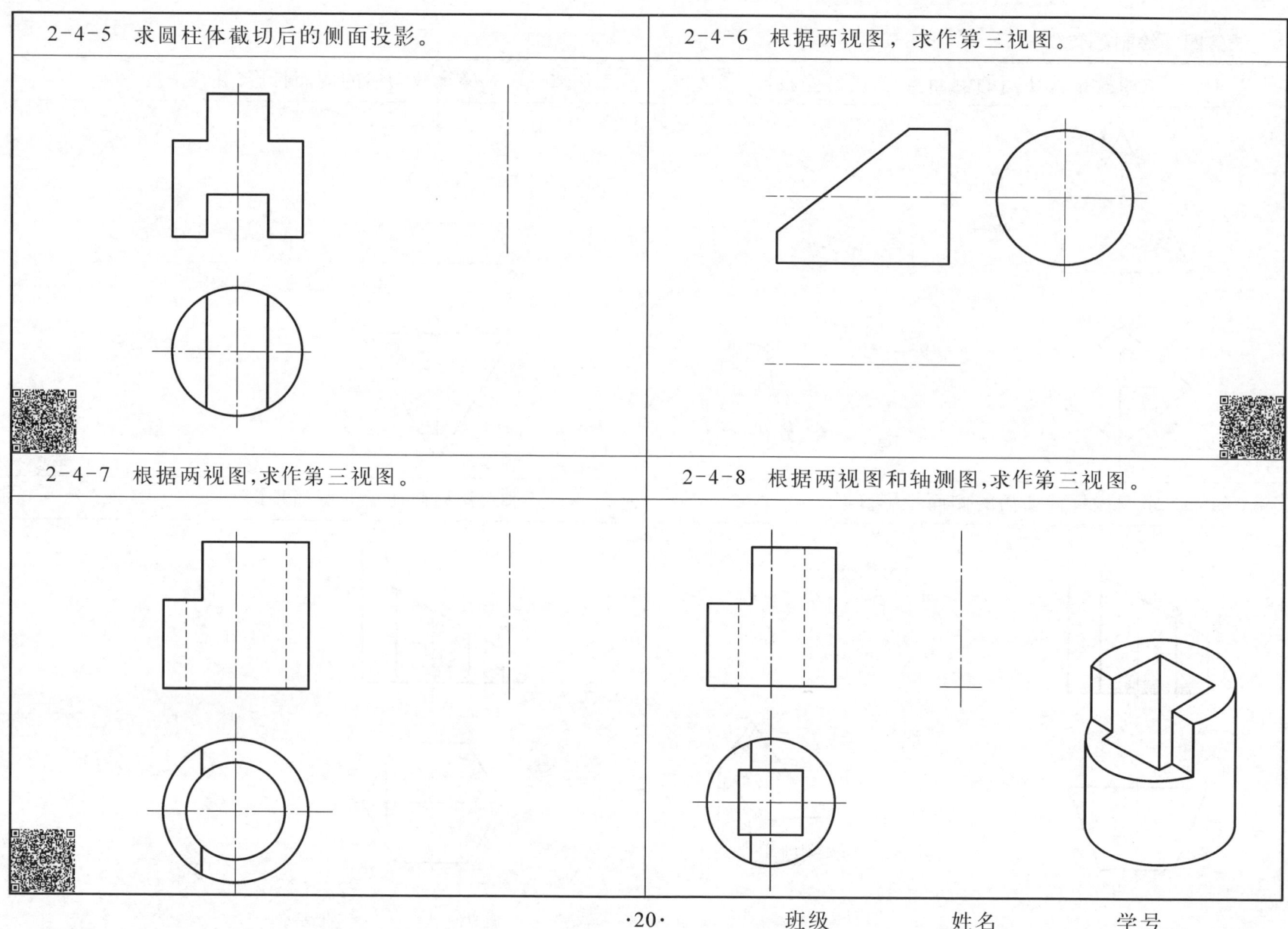

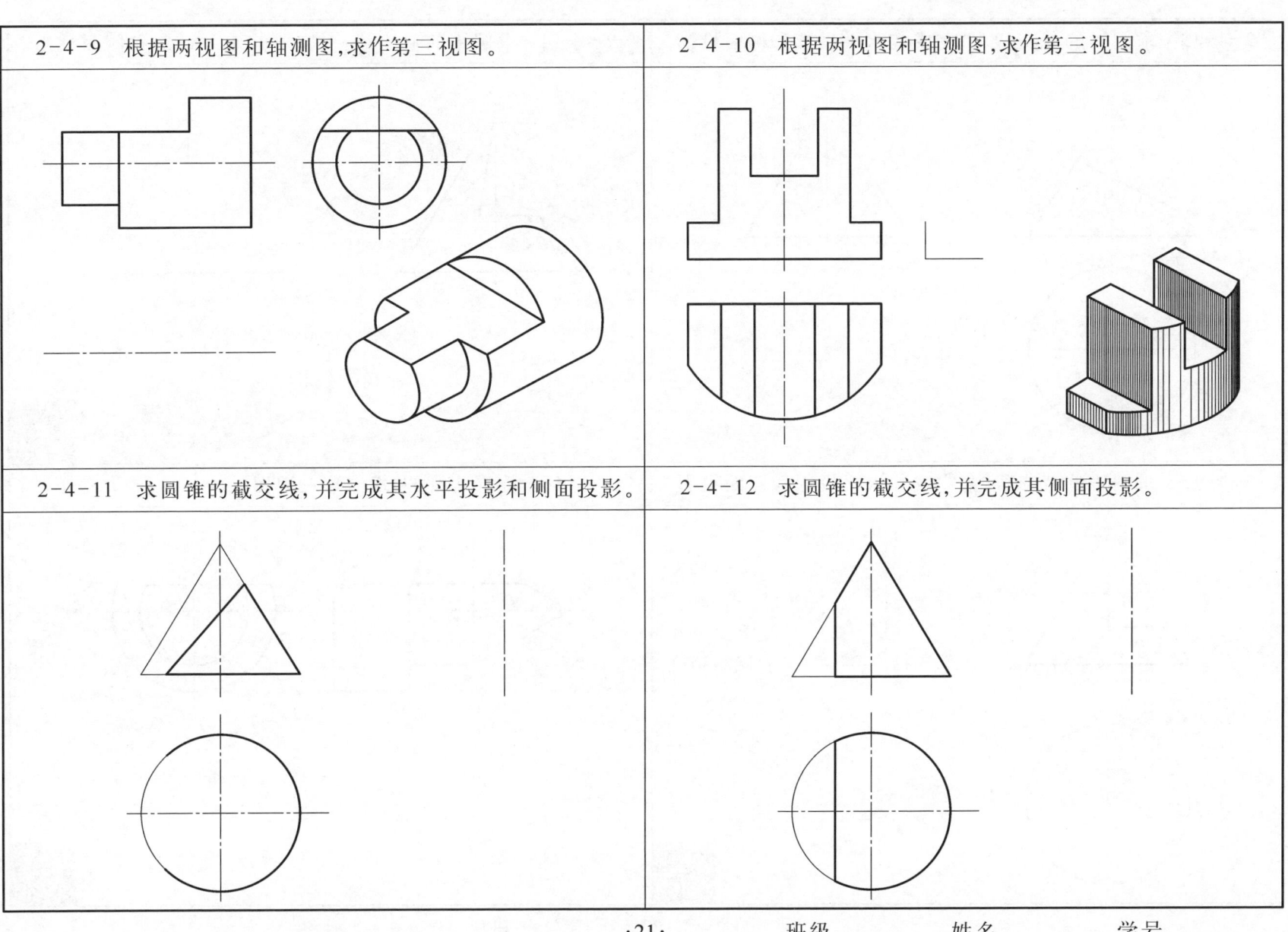

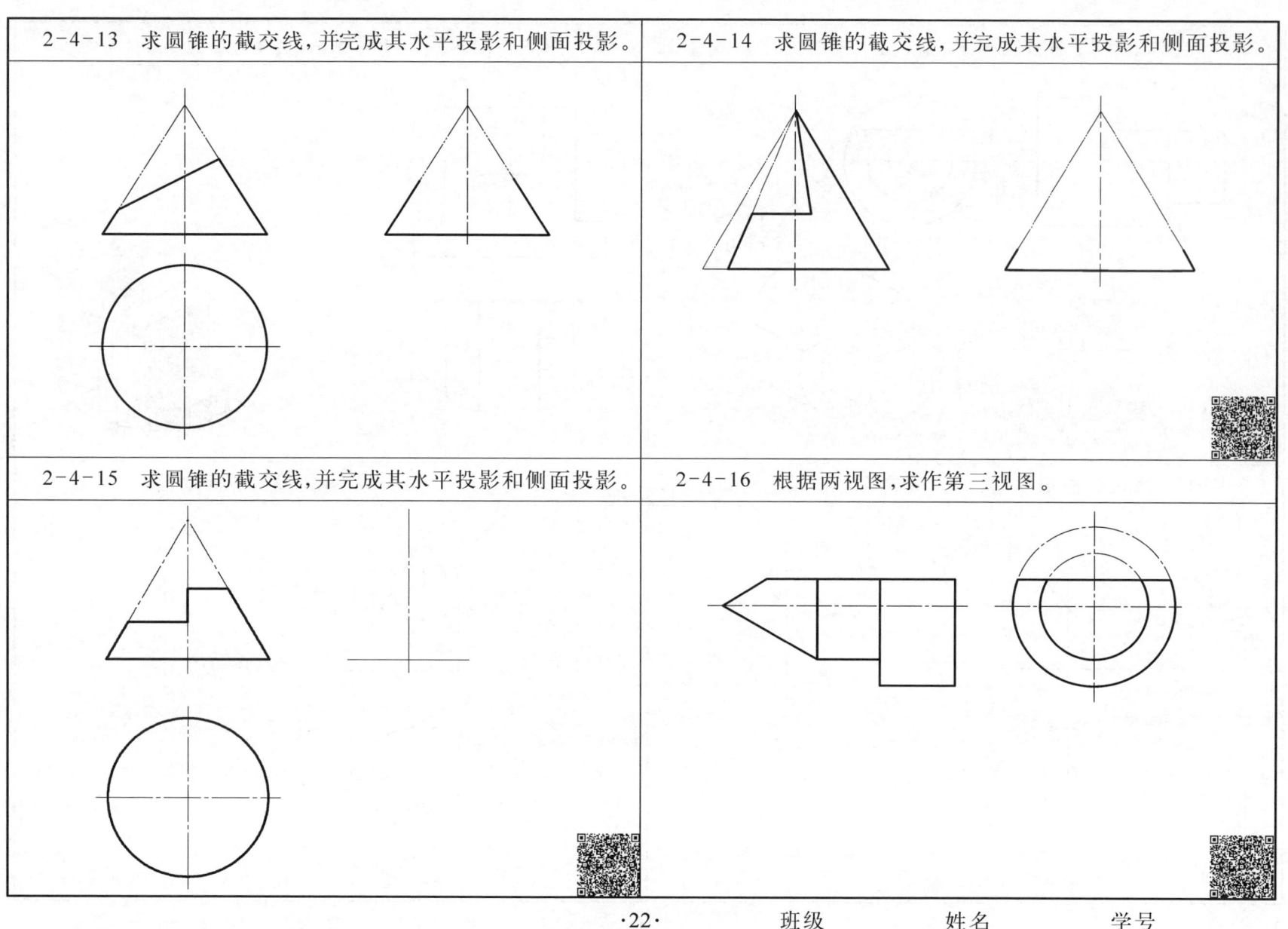

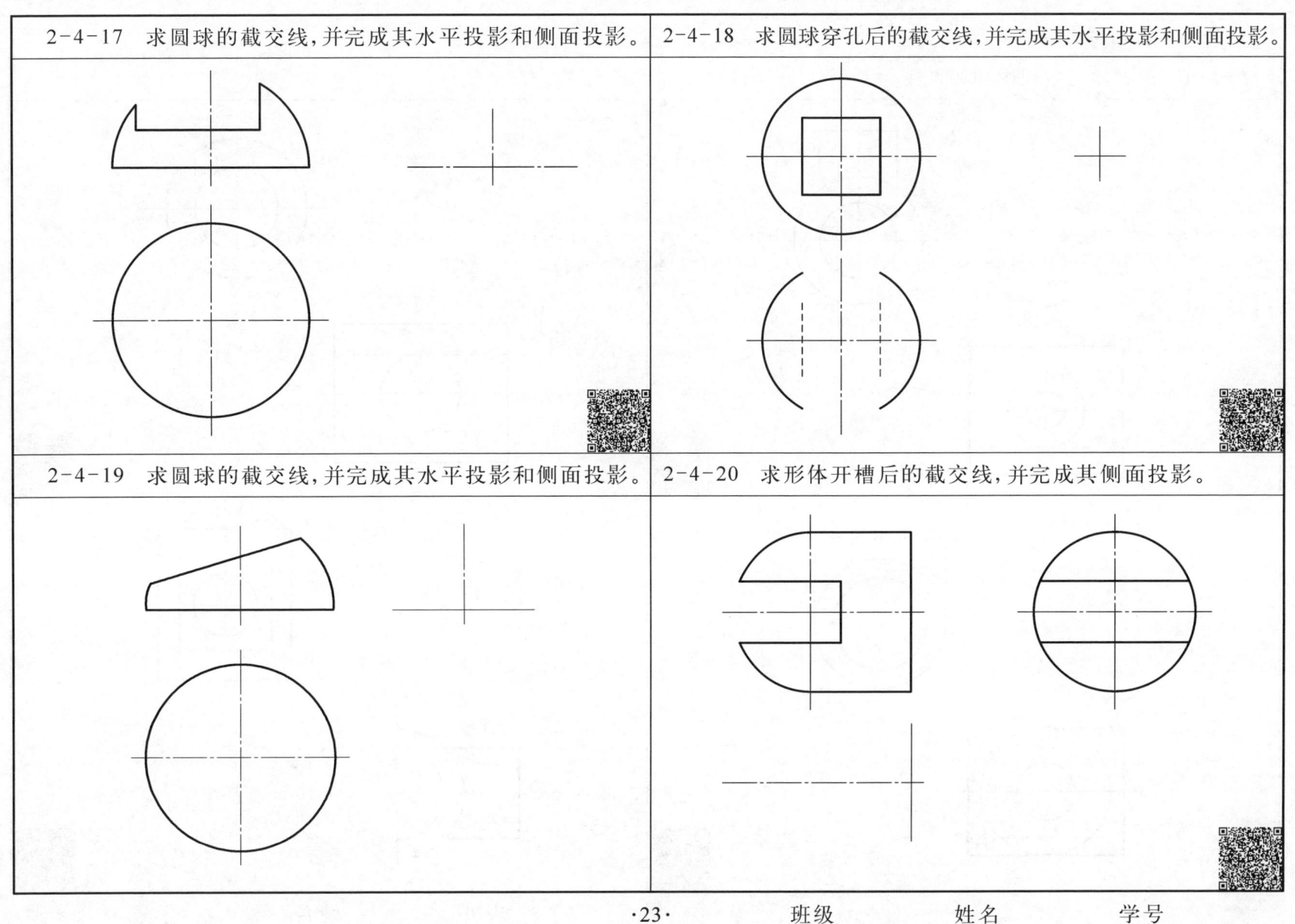

任务五　绘制相贯线

2-5-1　求立体的主视图和相贯线。

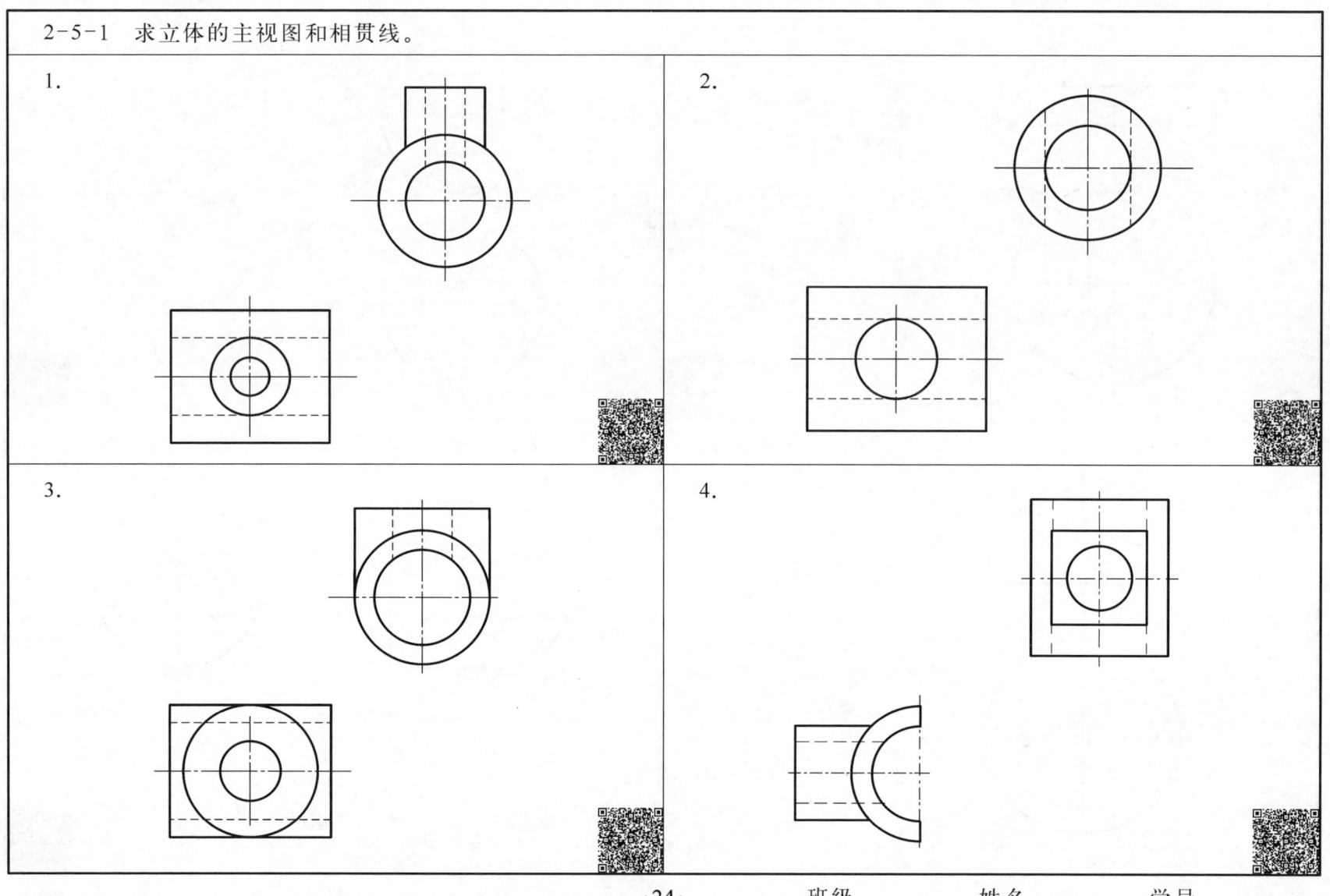

1.

2.

3.

4.

2-5-2 求立体的主视图和相贯线。

1. 画全相贯线投影。

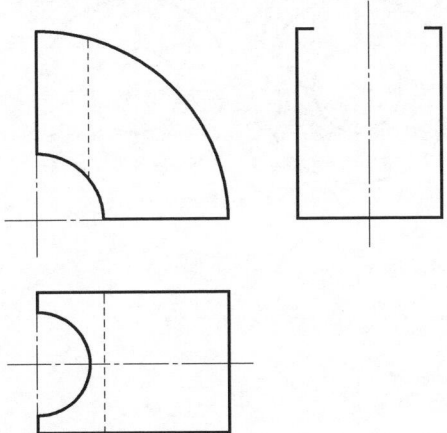

2. 根据组合体两视图补画第三视图,并求出相贯线。

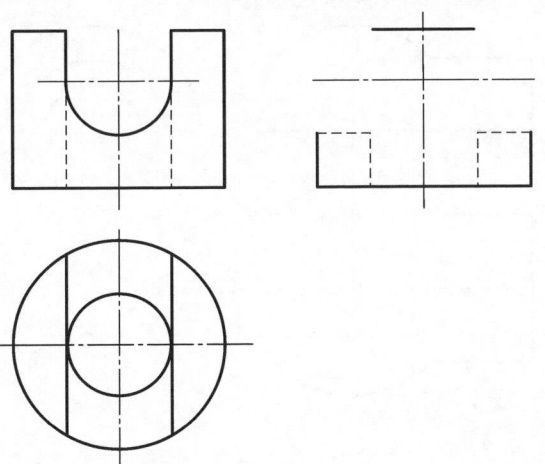

3. 据组合体两视图补画第三视图,并求出相贯线。

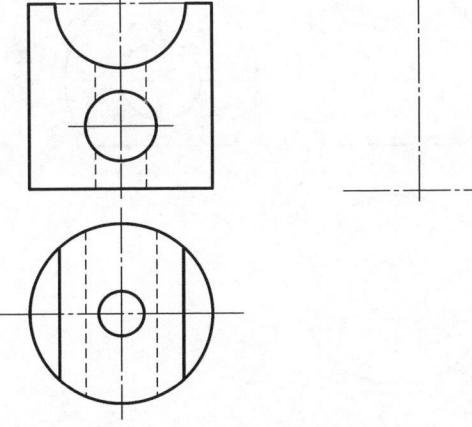

4. 求相贯线投影。

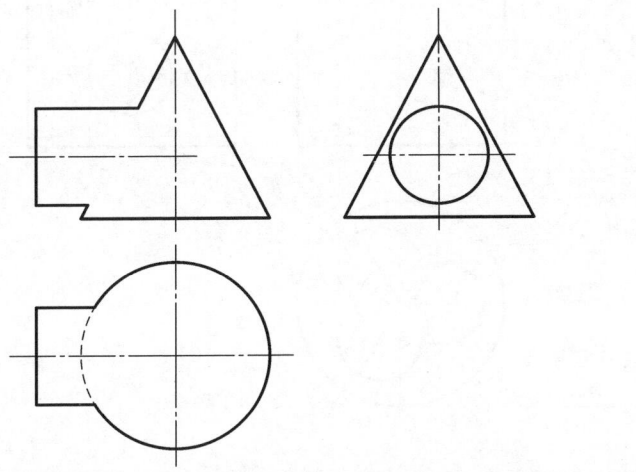

2-5-3 补画相贯线。

1.

2.

3.

4.

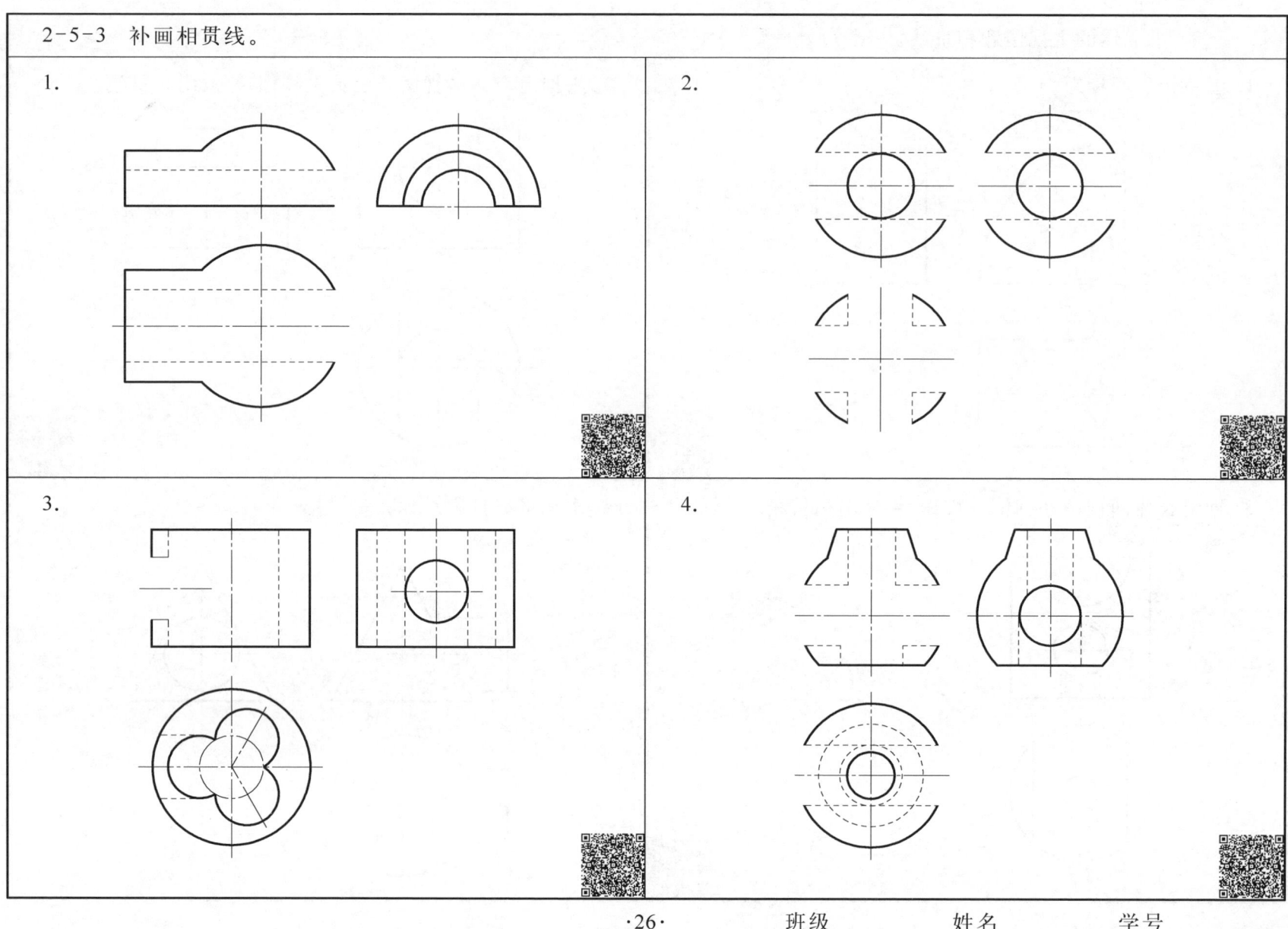

任务六 绘制组合体三视图

2-6-1 根据组合体的轴测图和视图,补画其他视图。

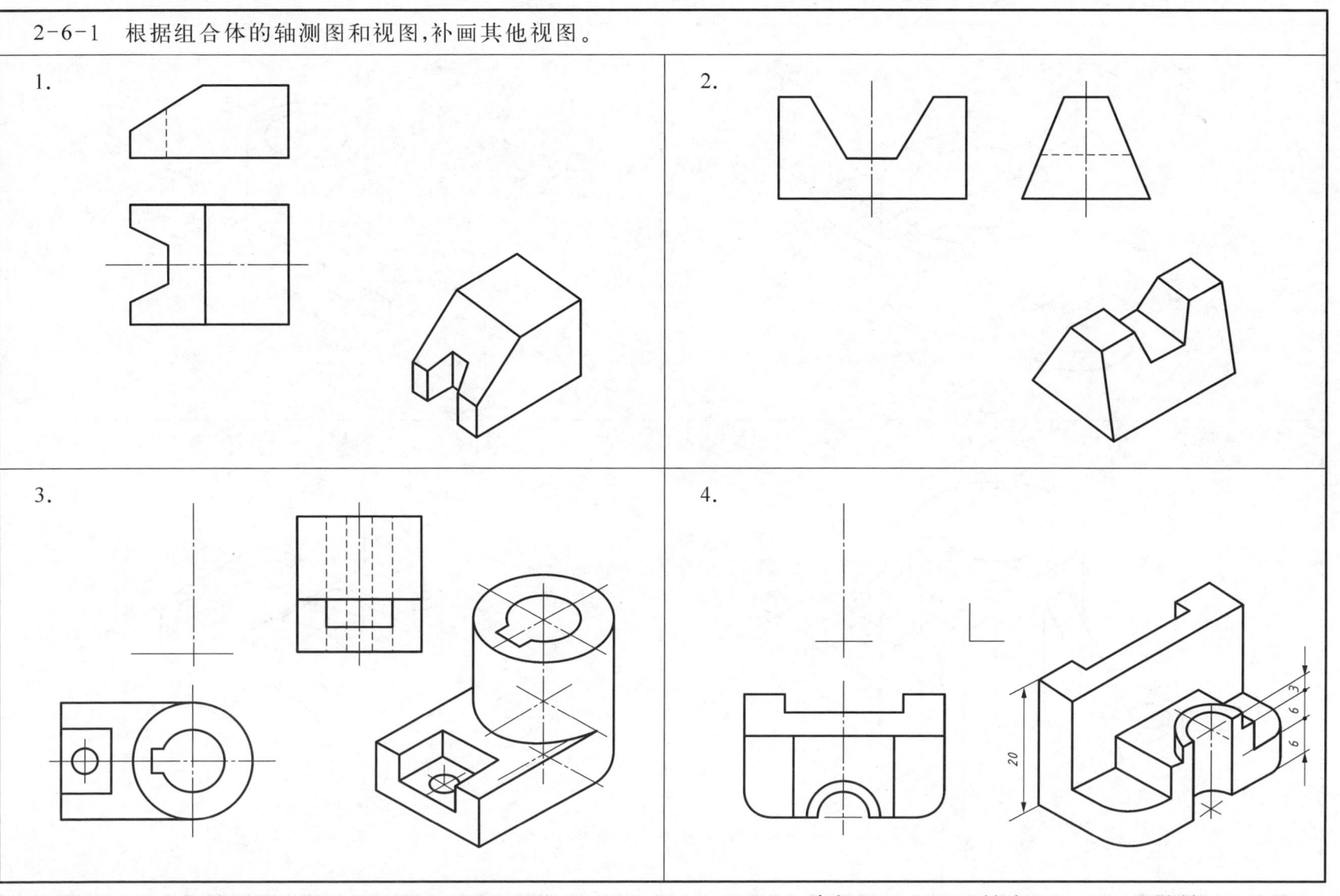

2-6-2 根据组合体的轴测图，选择适当的图纸幅面，在图纸上画出三视图，并标注尺寸。

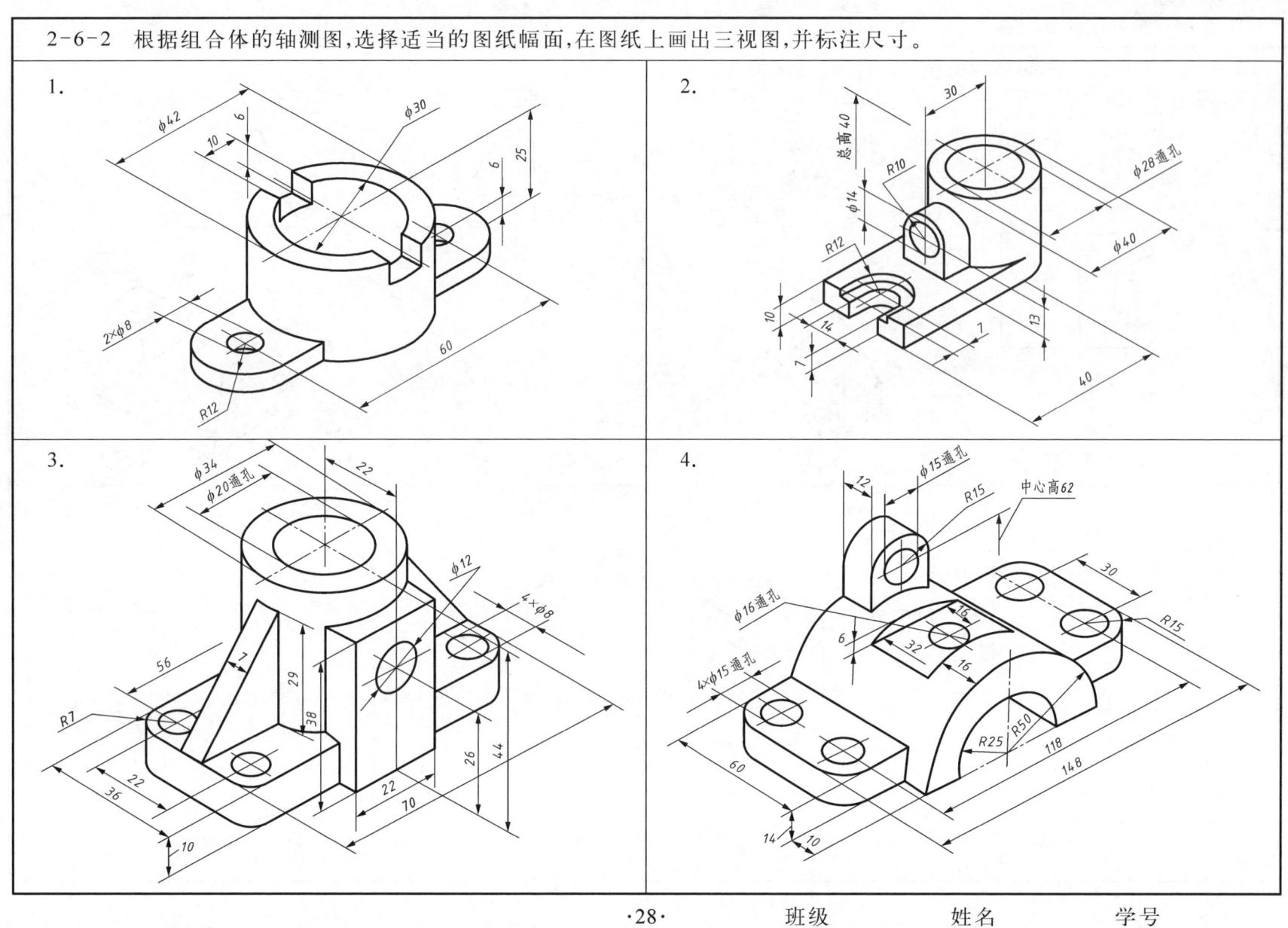

2-6-3 指出视图中重复或多余尺寸(打"×"),并标注遗漏的尺寸(不注尺寸数字)。

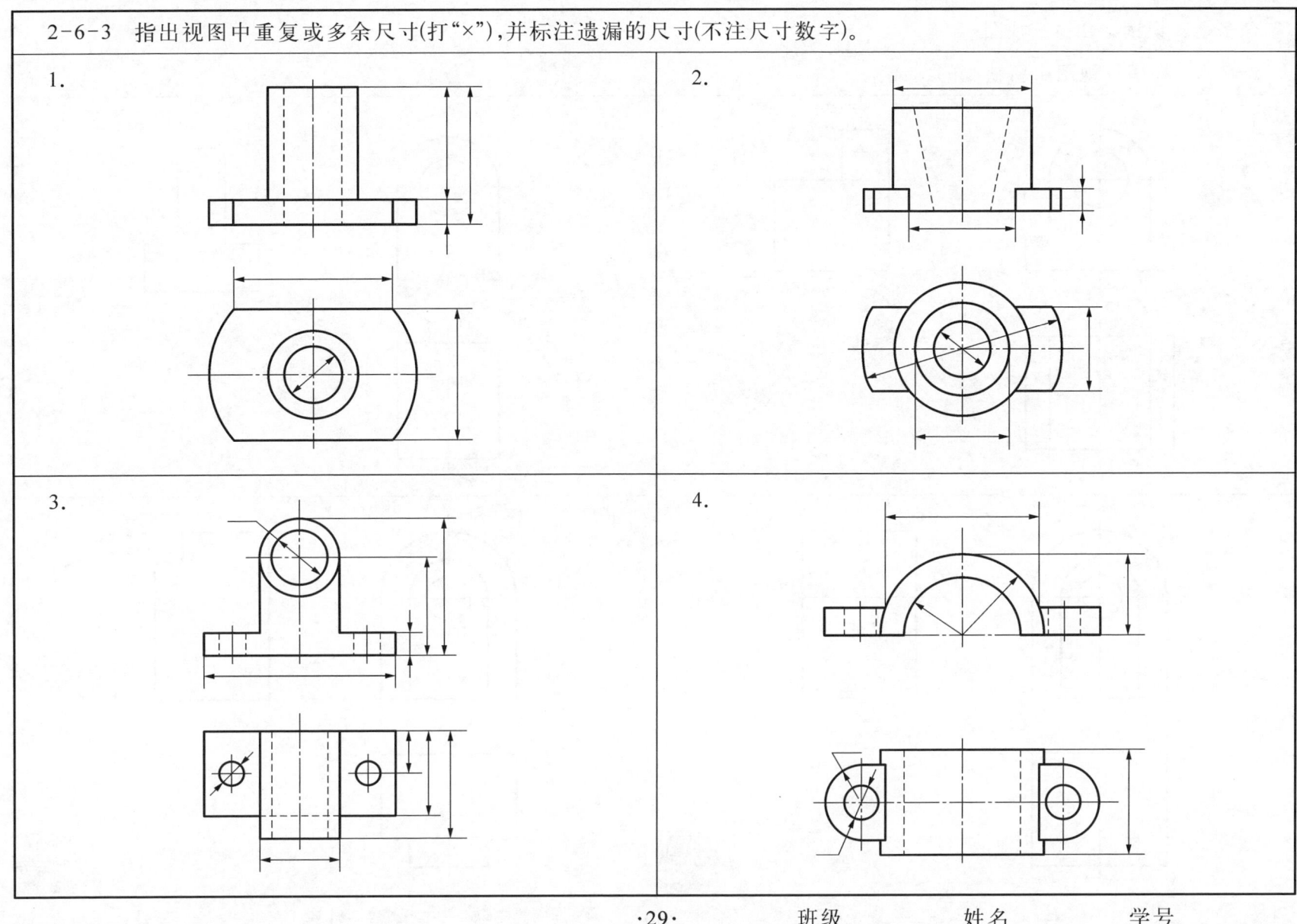

任务七 识读组合体三视图

2-7-1 补画三视图中所缺少的图线。

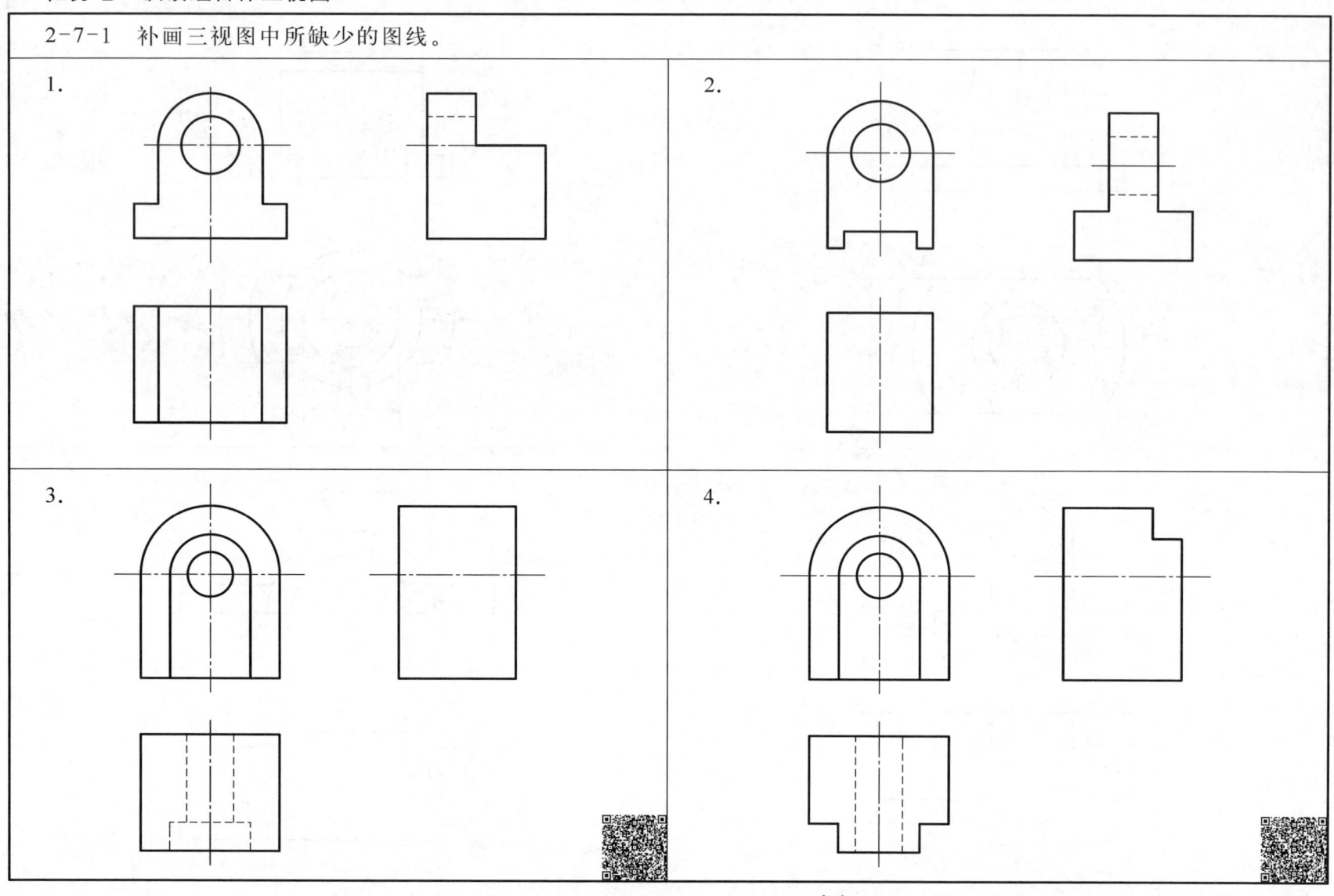

2-7-2 补画图中所缺少的图线。

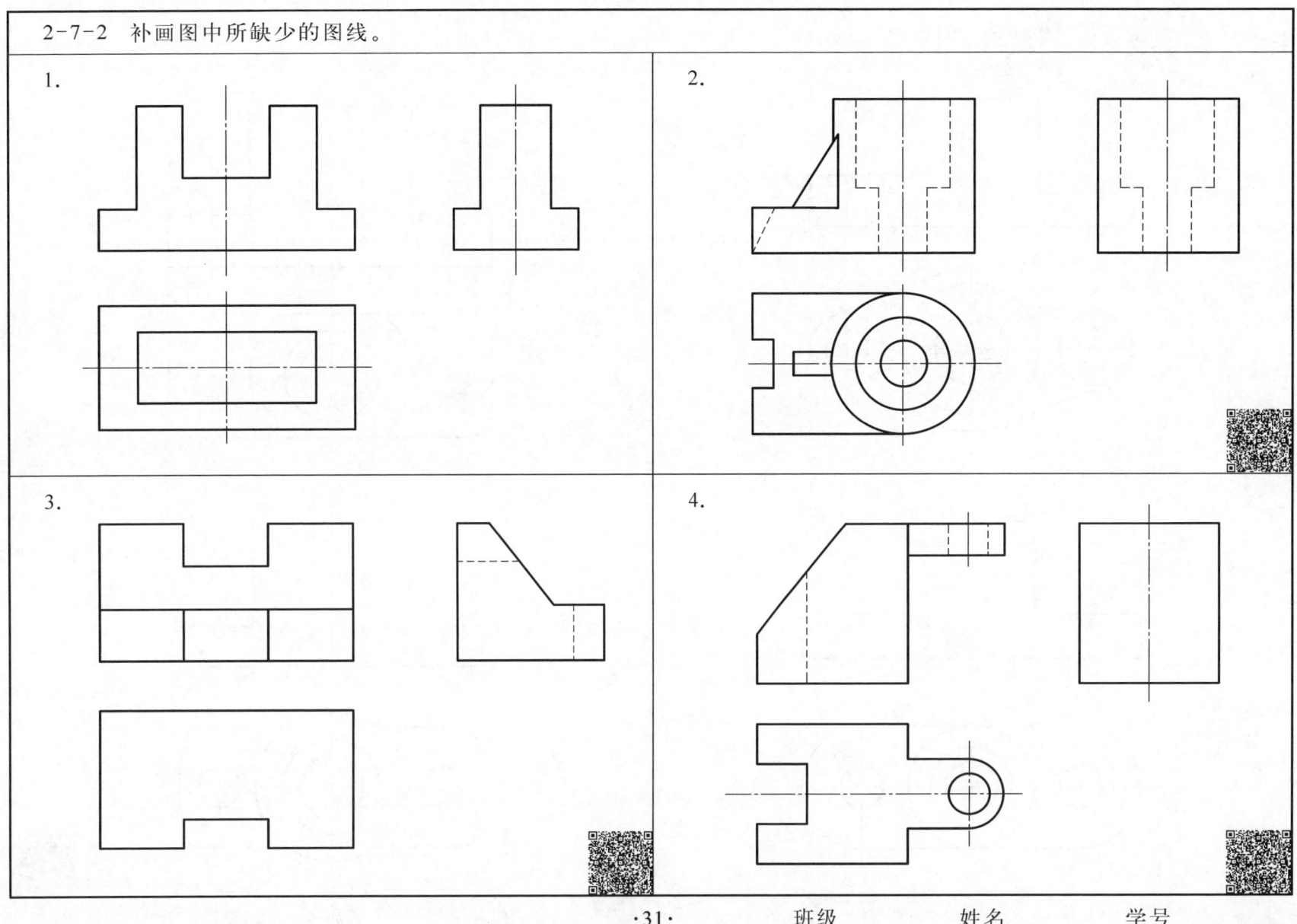

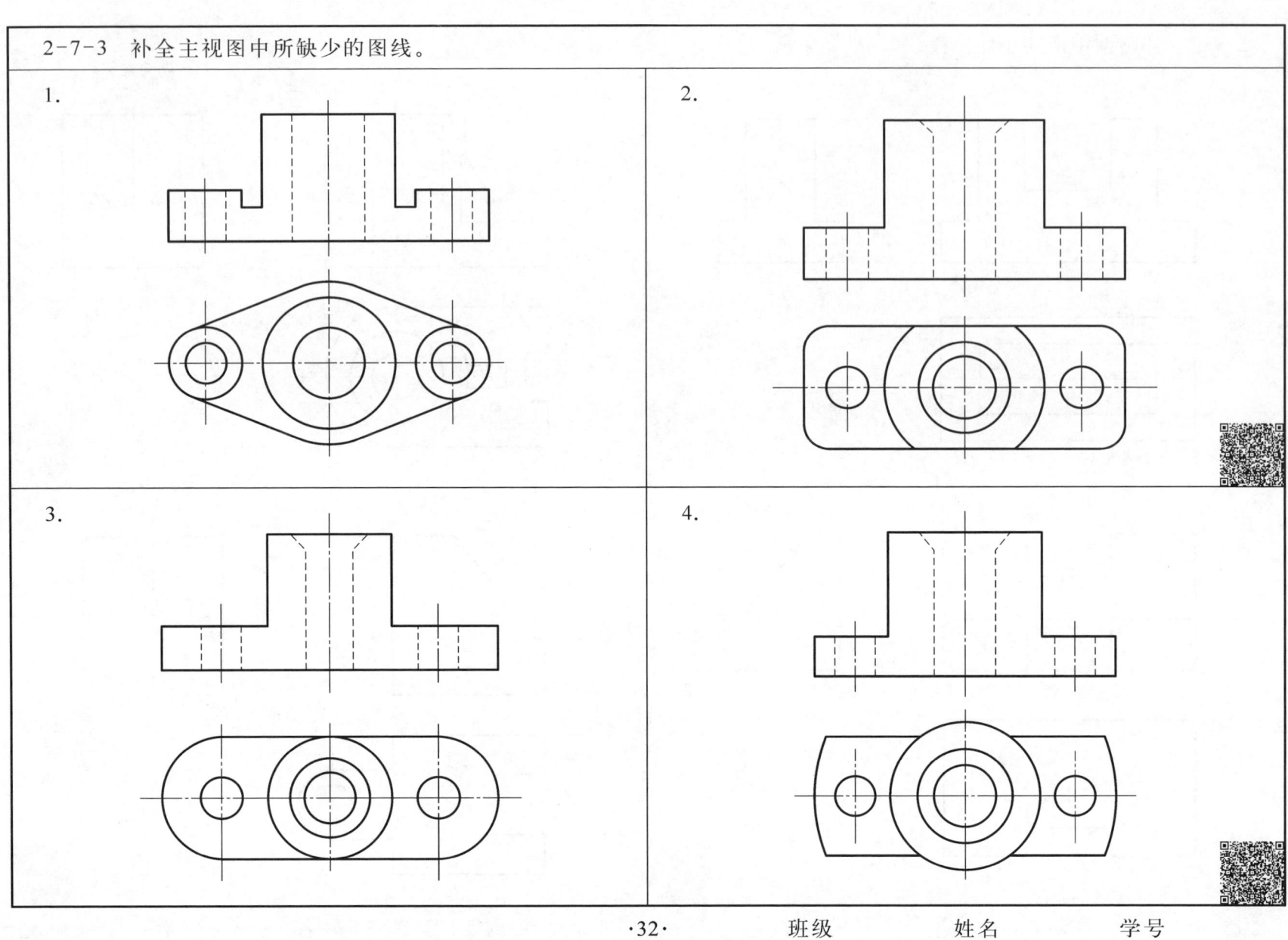

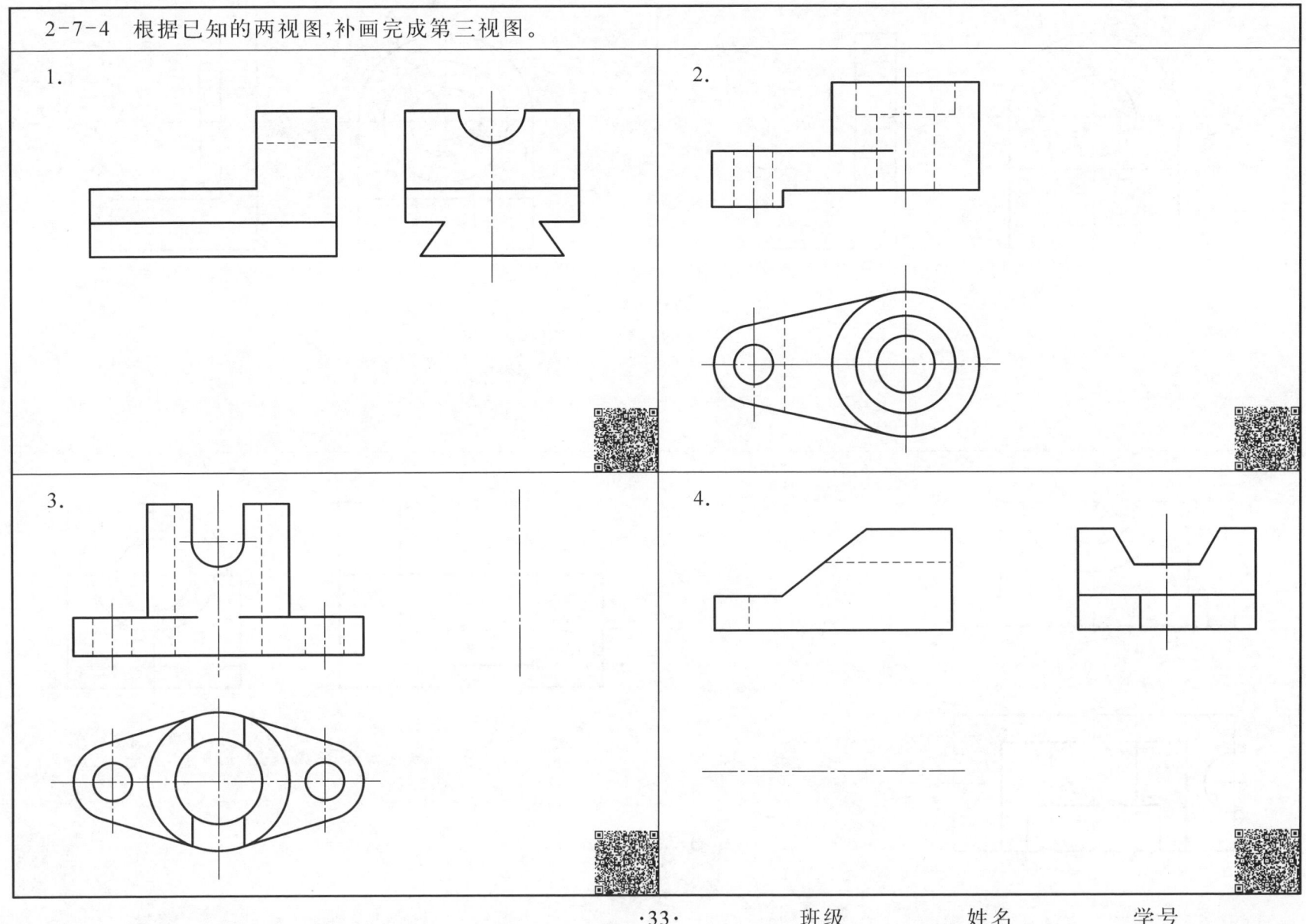

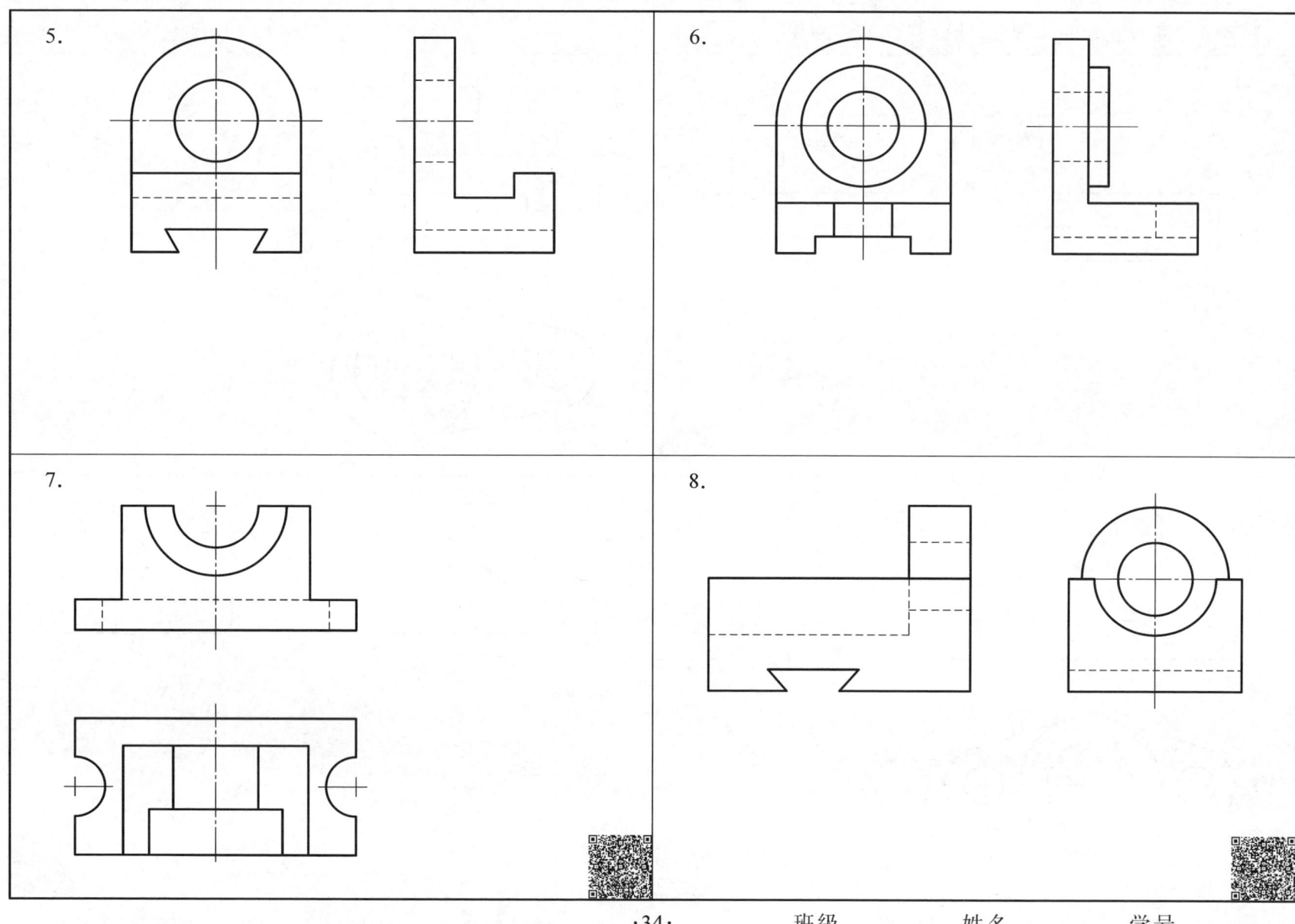

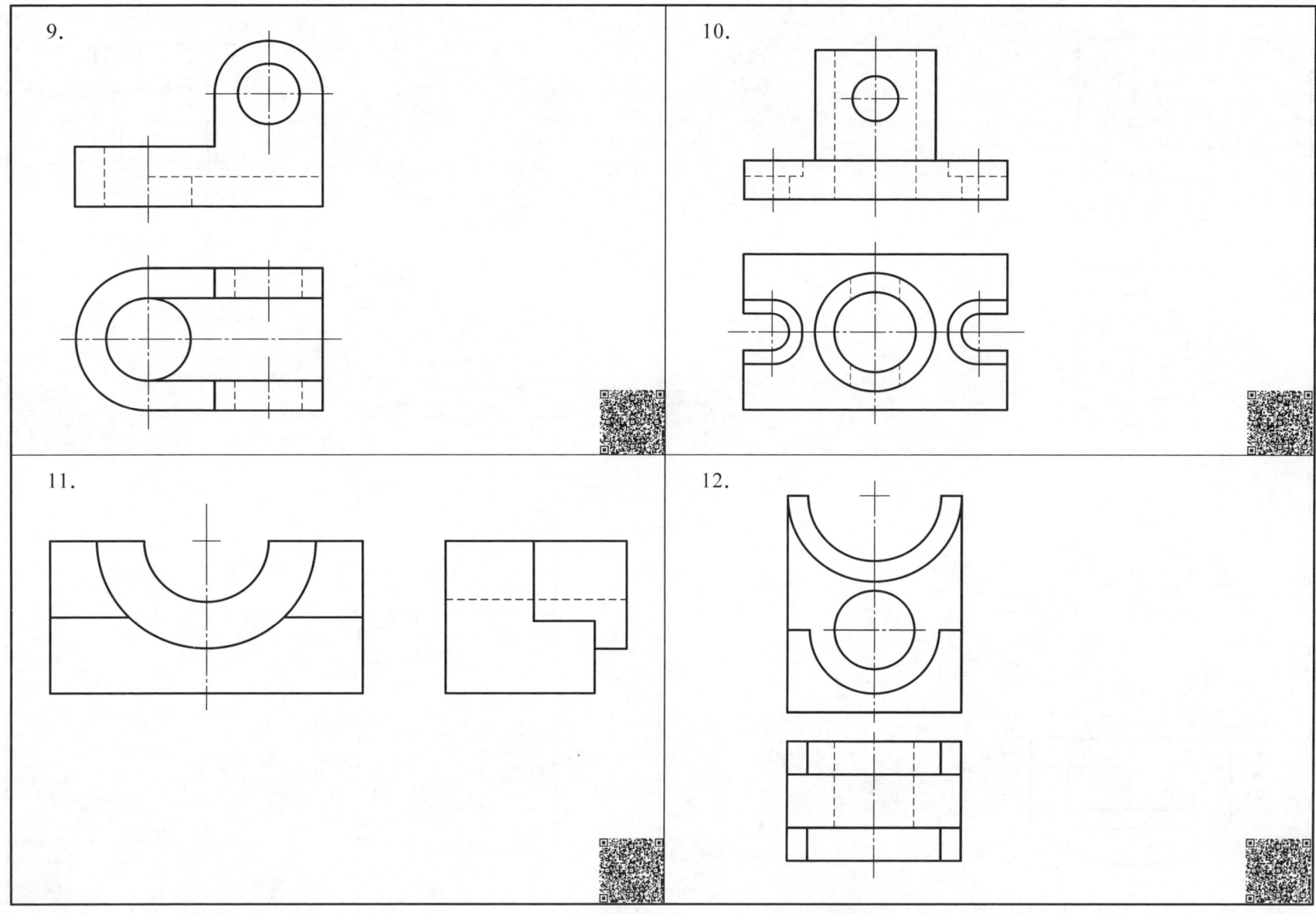

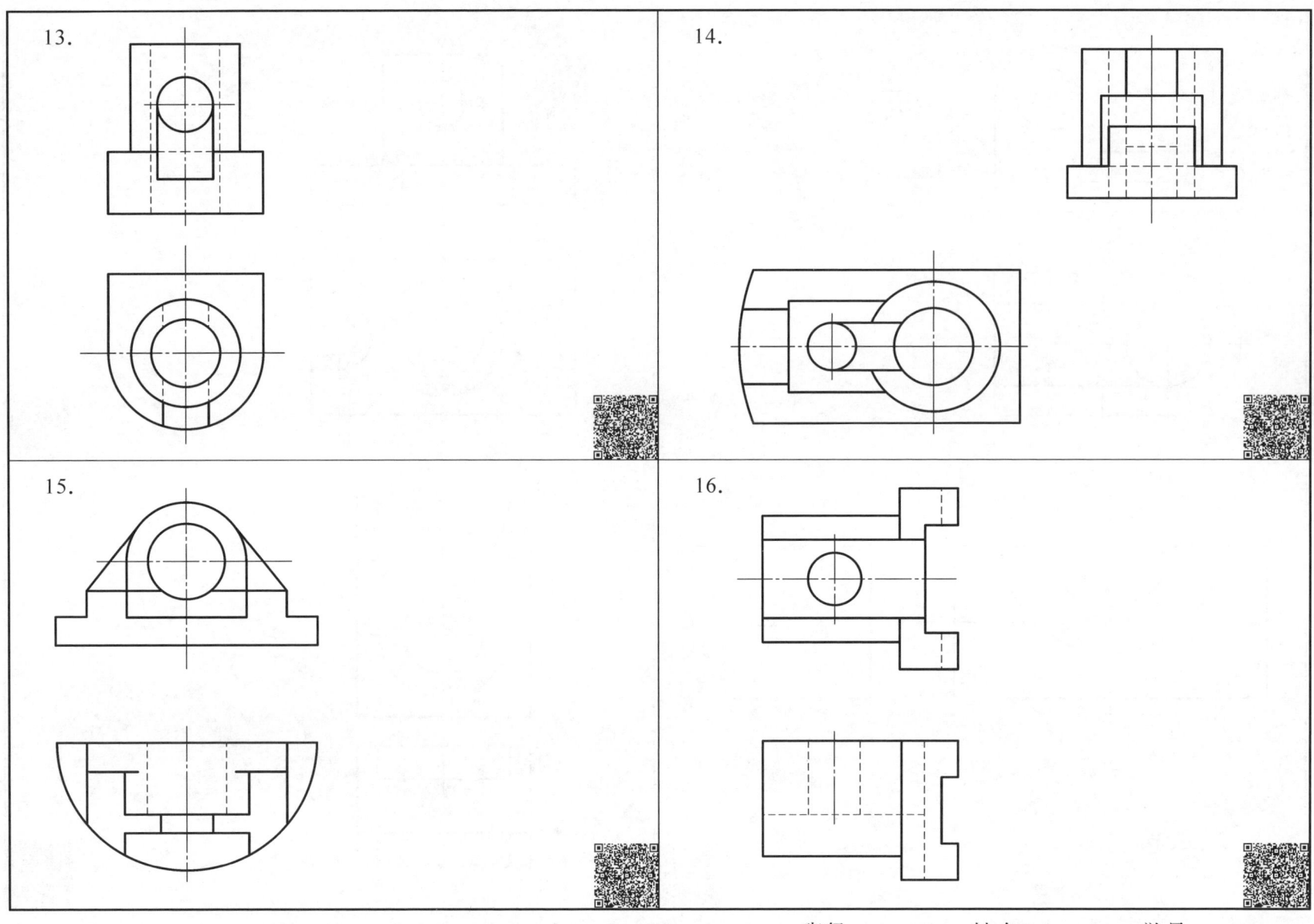

2-7-5 补画第三视图,并标注组合体尺寸(尺寸数值从图中按1:1量取并圆整)。

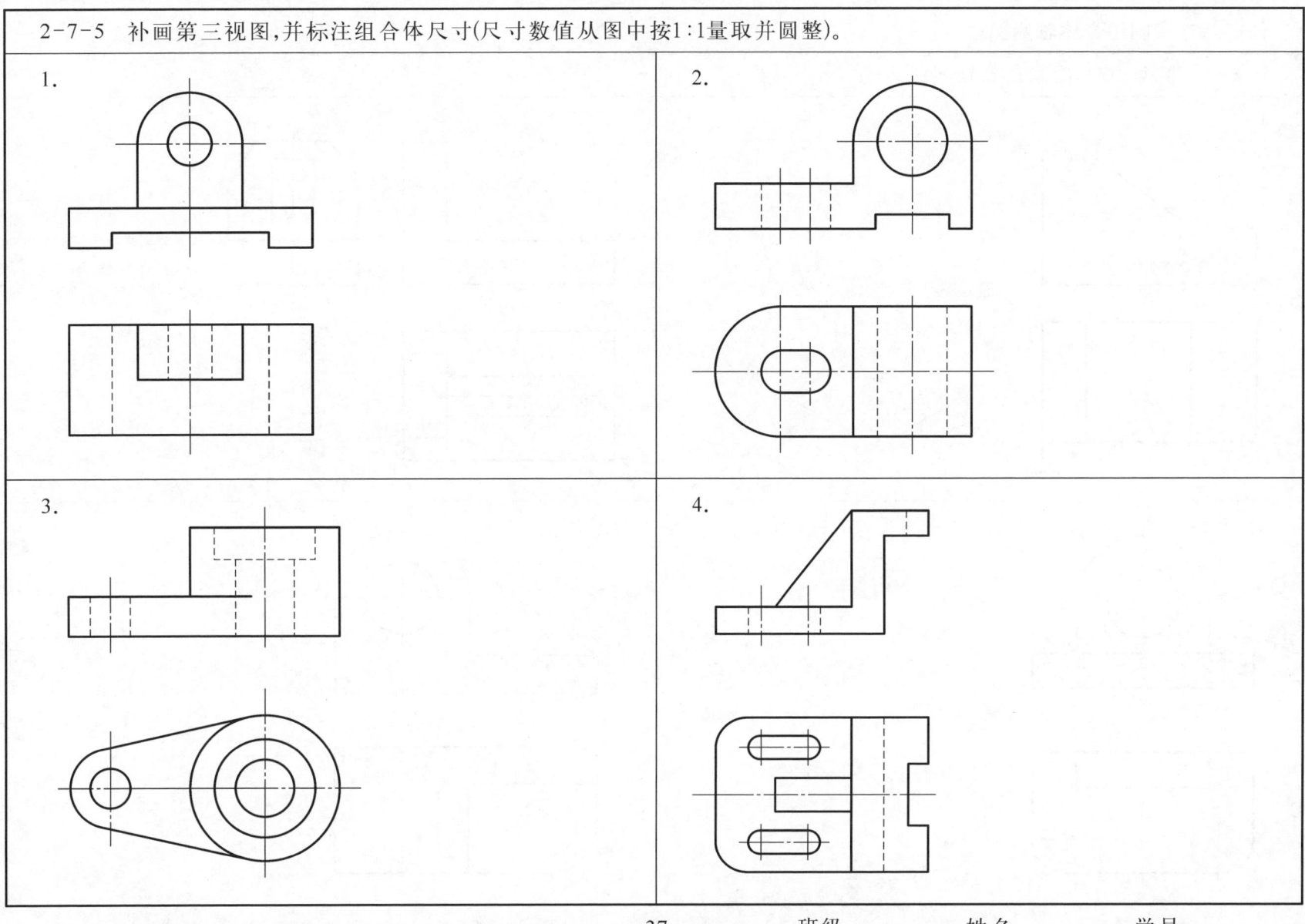

任务八　绘制组合体轴测图

2-8-1　根据视图,绘制正等轴测图。

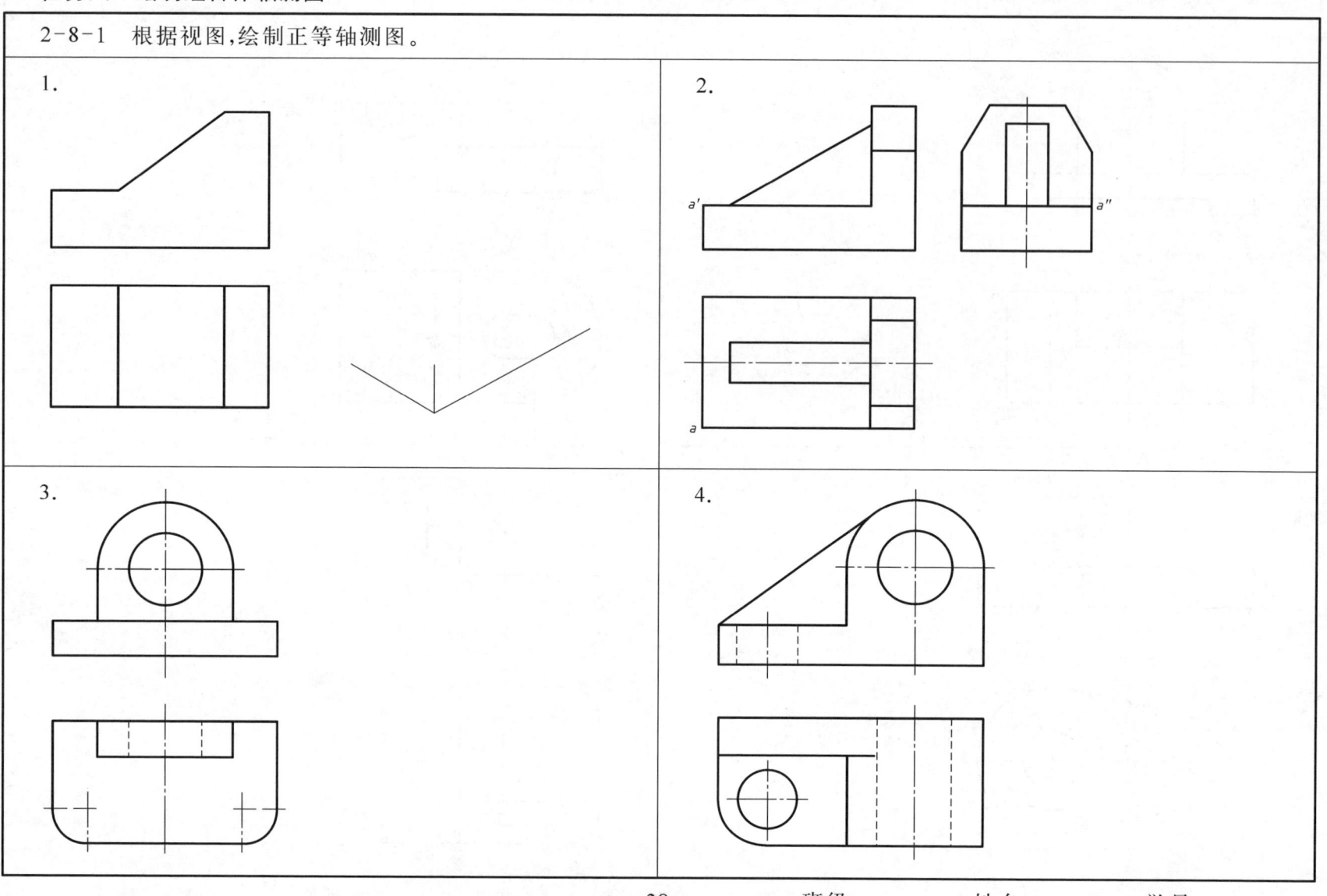

2-8-2 根据视图,绘制斜二等轴测图。

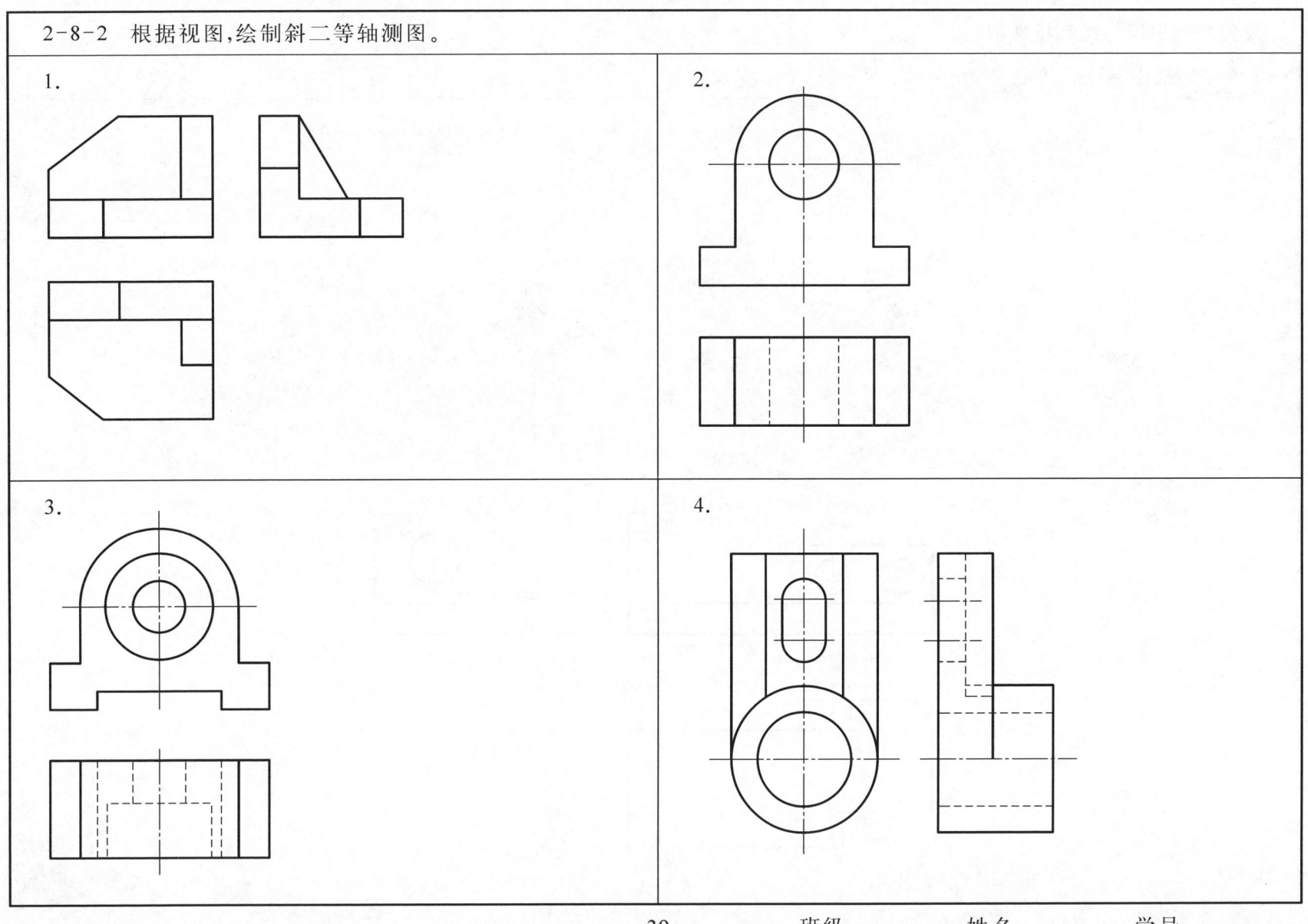

任务九　识读与绘制机件视图

2-9-1　根据主、俯、左视图，补画右、后、仰三个基本视图。

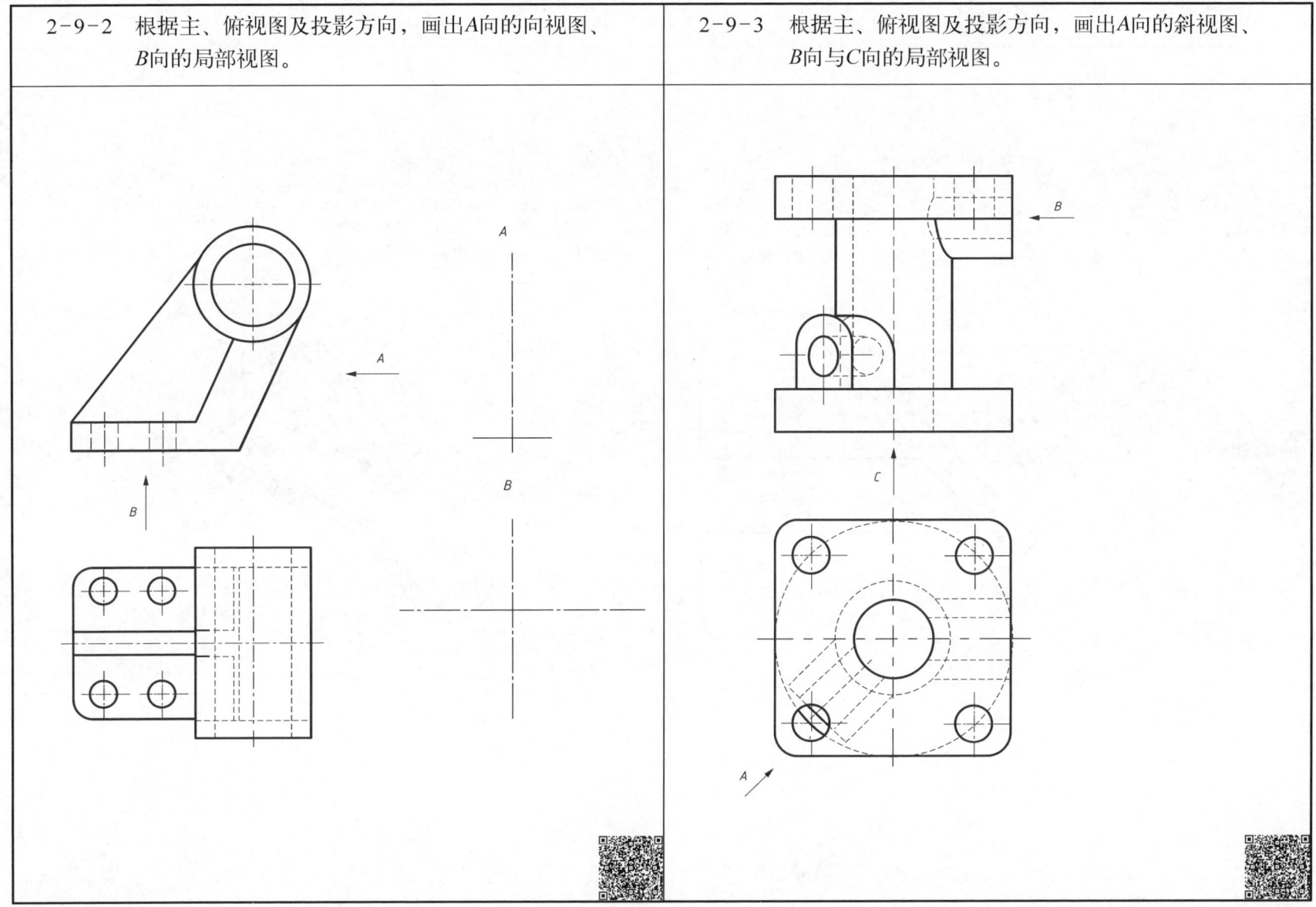

2-9-4 根据立体图,绘制局部视图和斜视图。

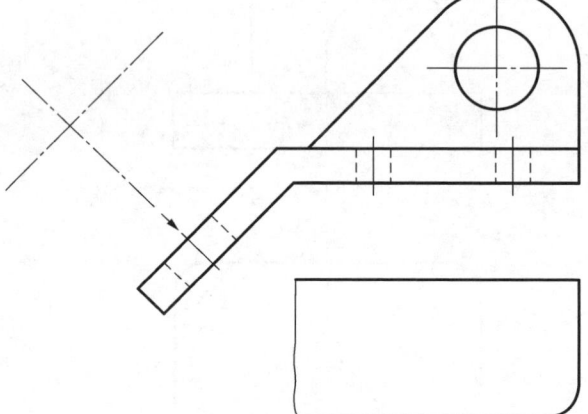
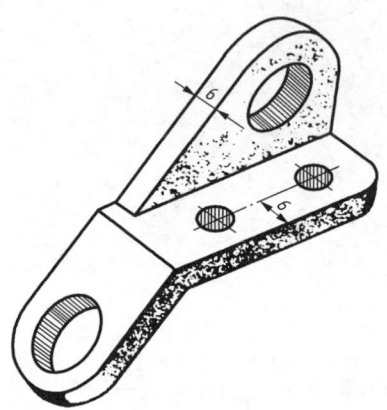

任务十　识读与绘制机件剖视图

2-10-1　补画图中所缺的线。

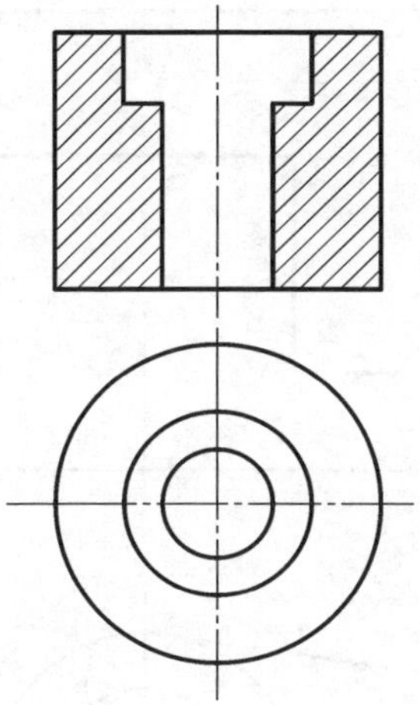

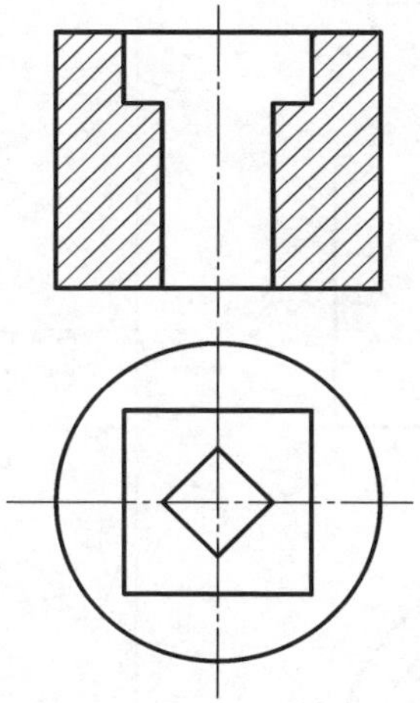

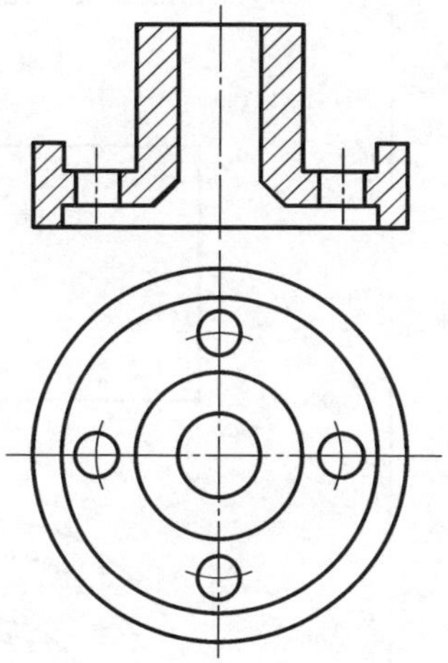

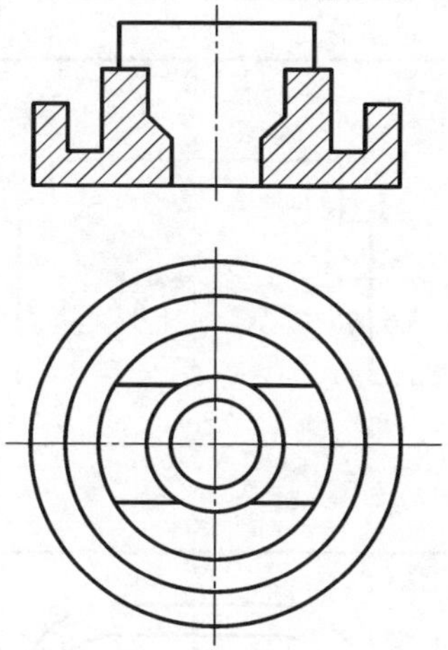

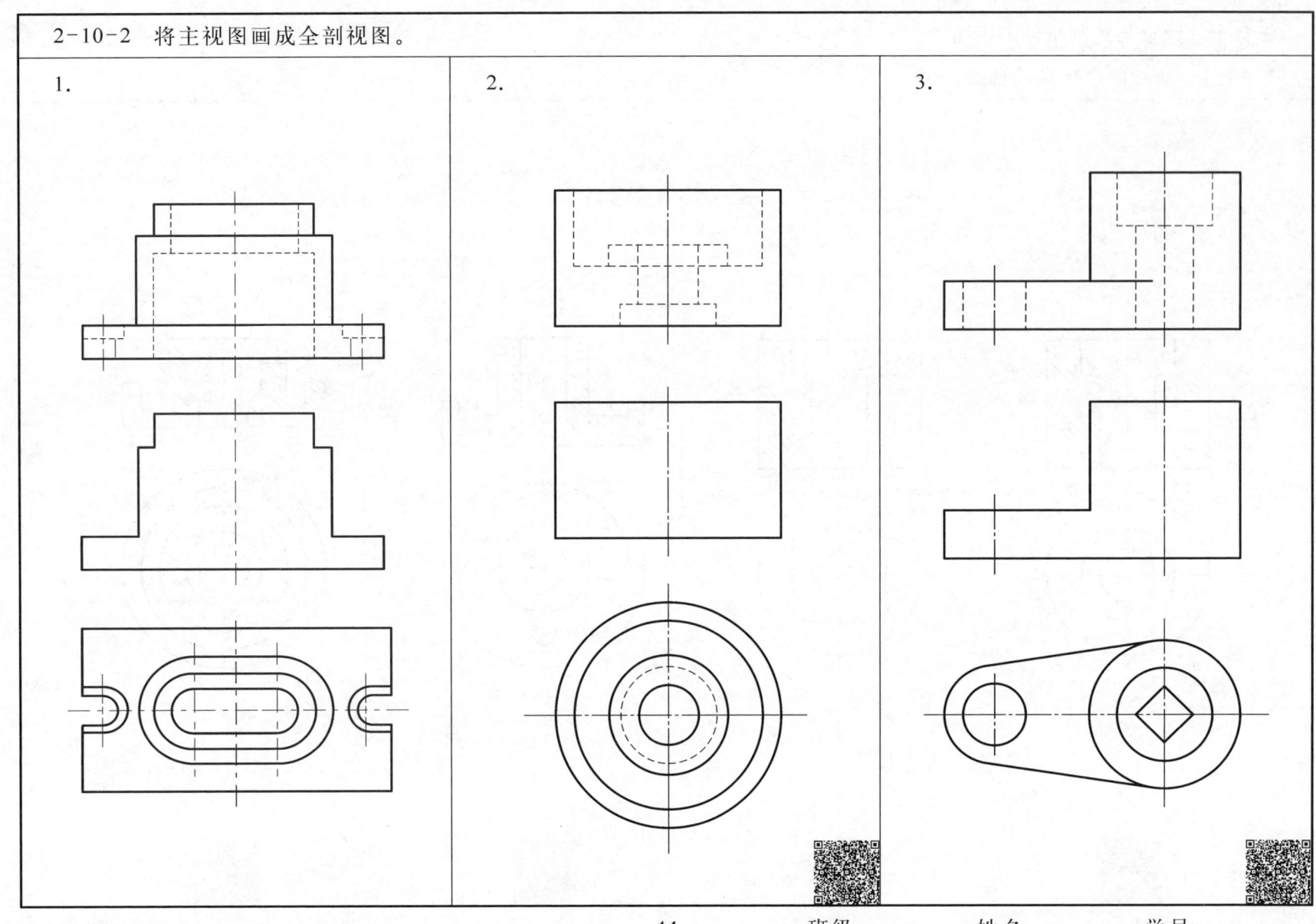

2-10-3 将主视图画成半剖视图。

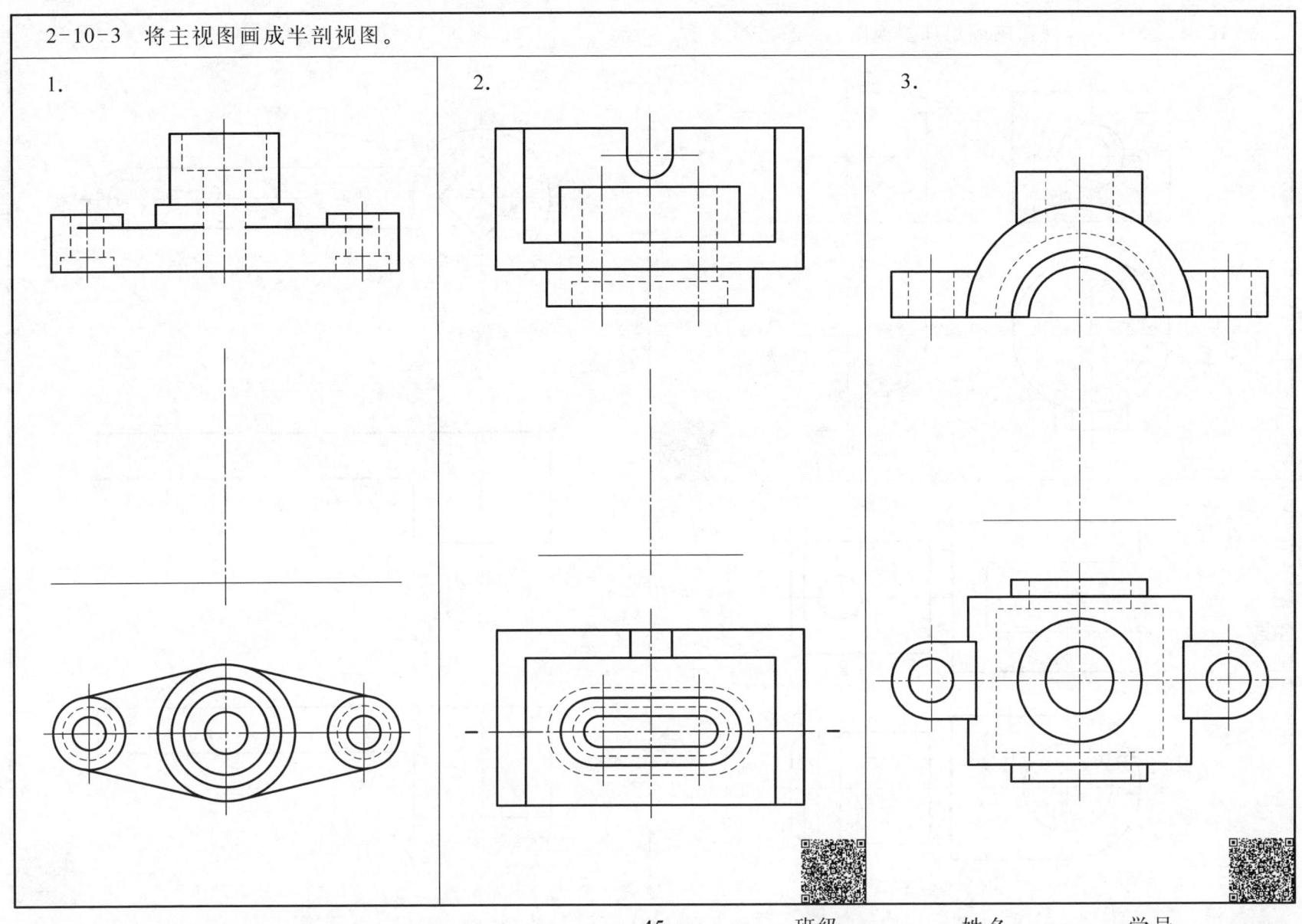

2-10-4 将下列各视图画成局部剖视图。

1.

2.

3.

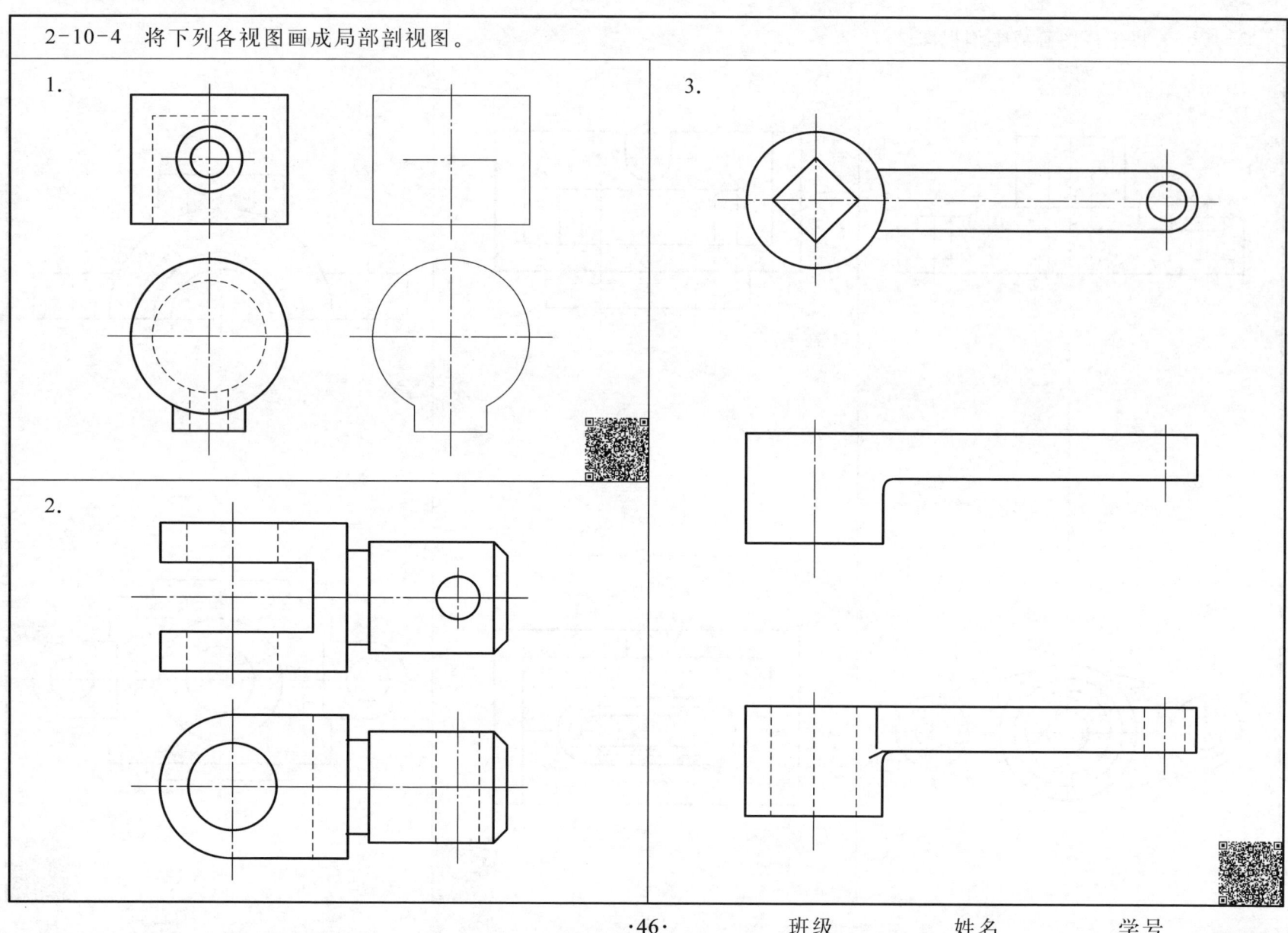

·46· 班级　　　姓名　　　学号

2-10-5 将主视图改画成阶梯剖视图。

1.

2.

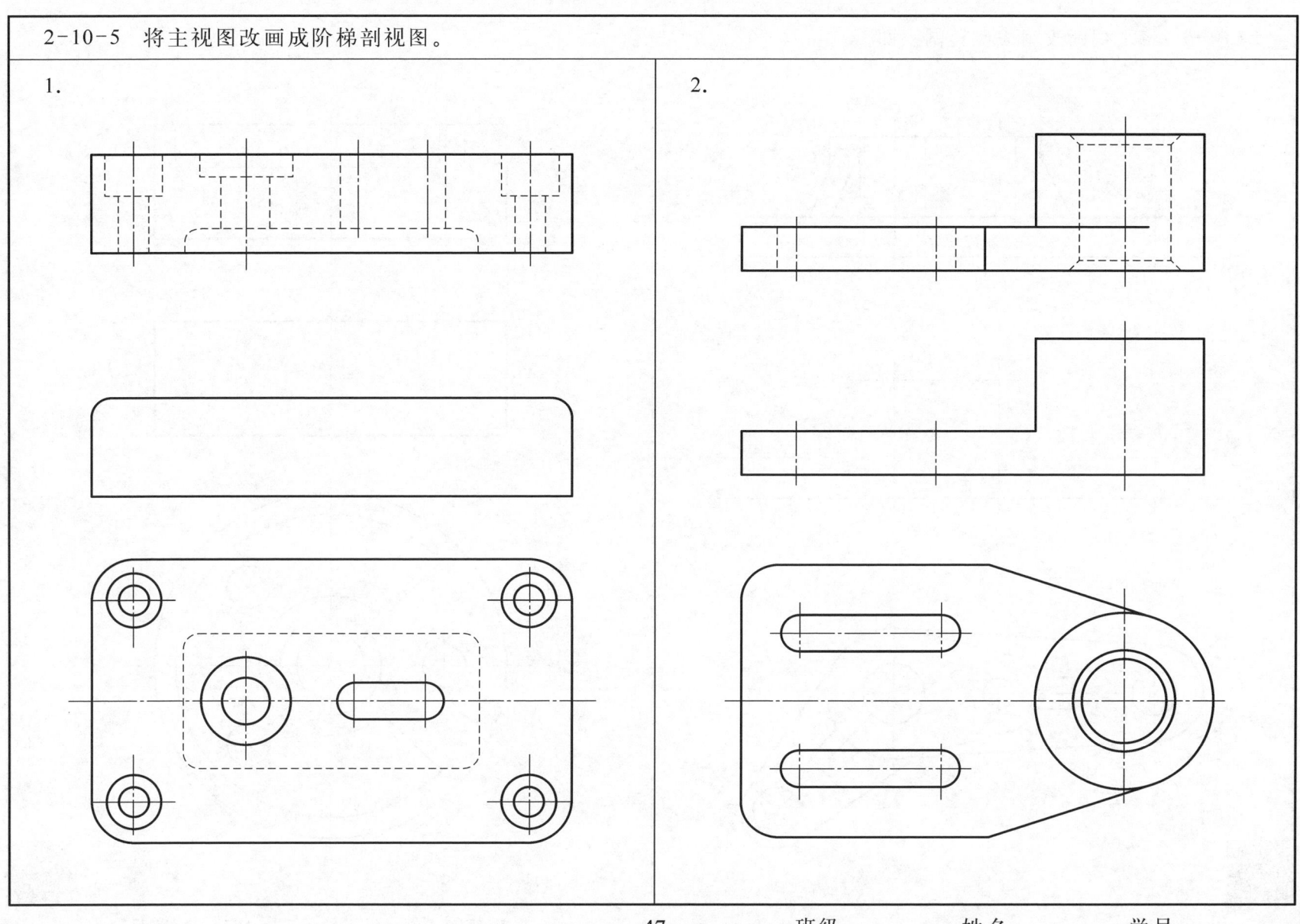

2-10-6 将主视图改画成旋转剖视图。

1.

2.

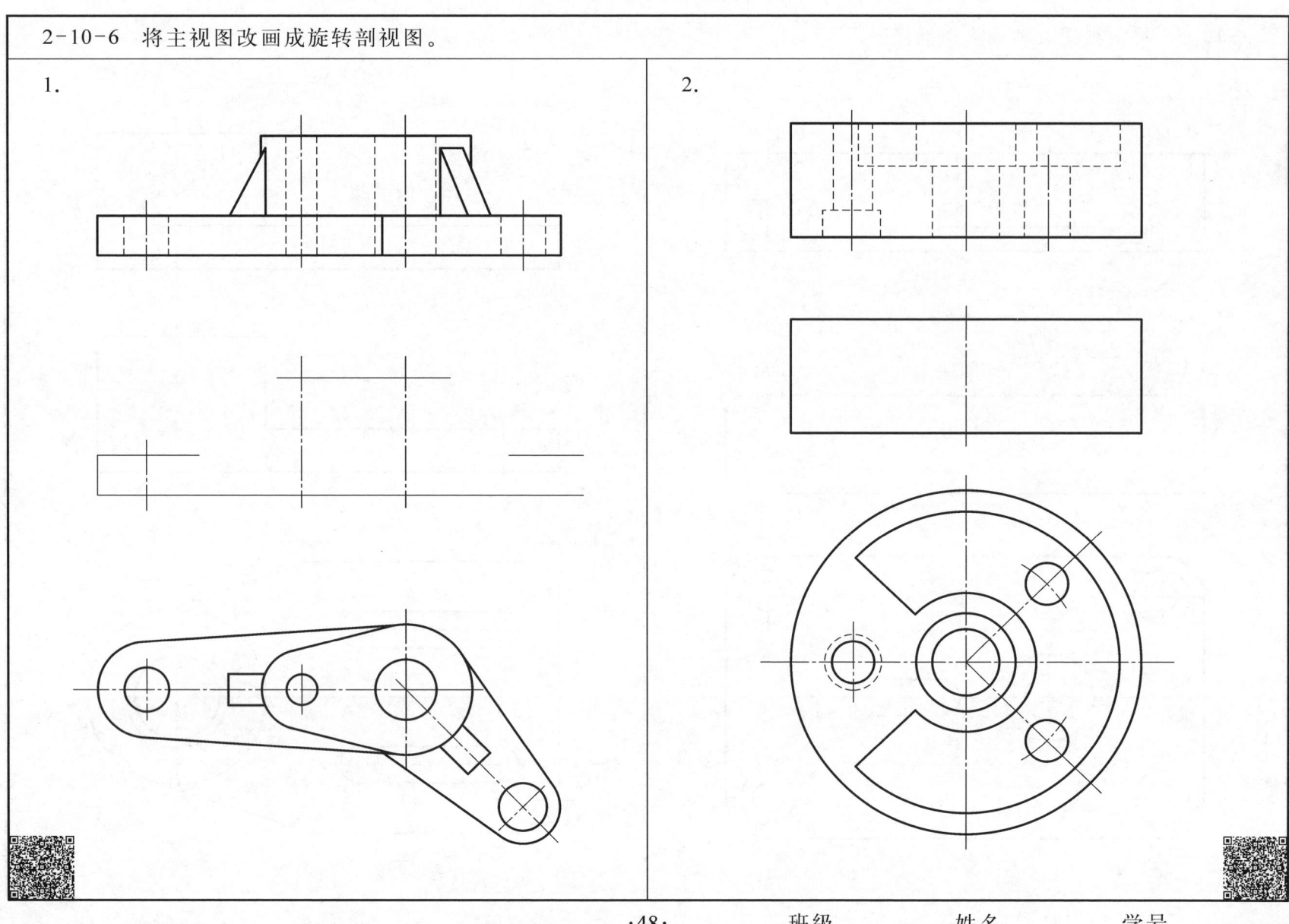

任务十一 识读与绘制机件断面图

2-11-1 选择正确的断面图。

1.

2.

3.

(1) _____　　(2) _____　　(3) _____

2-11-2　在指定位置画出轴的断面图(左端键槽深5 mm，右端键槽深4 mm)。

C—C　　　　　　　A—A　　　　　　　D—D　　　　　　　B—B

通孔

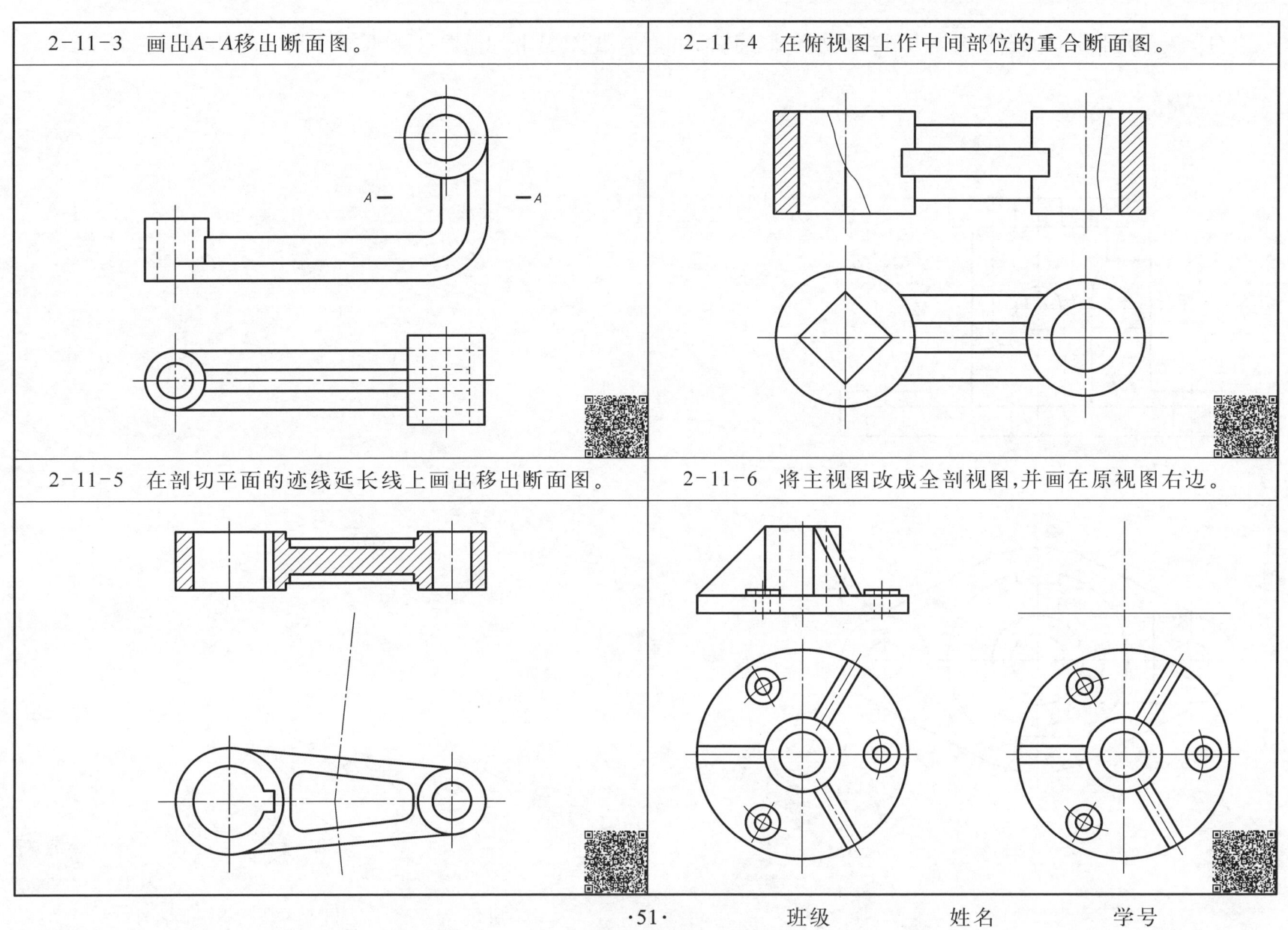

2-11-7 根据已有的视图,选择用适当的方法表达该机件,在右边以1:1比例(原图尺寸)重新画出。

1.

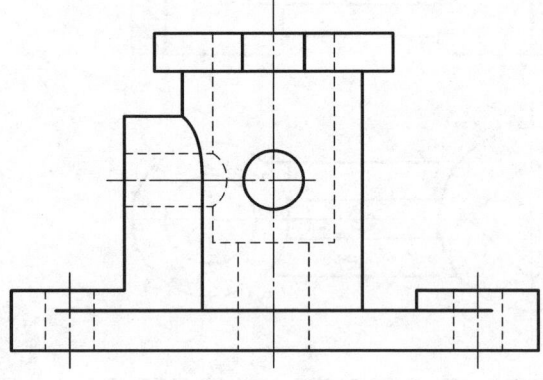

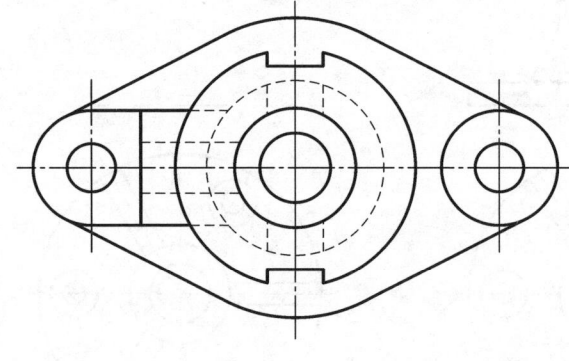

2.

2-11-8 分析轴测图,确定机件的表达方法,选择适当的图纸幅面和绘图比例,将表达方案在图纸上画出,并标注尺寸。

1. 阀体。

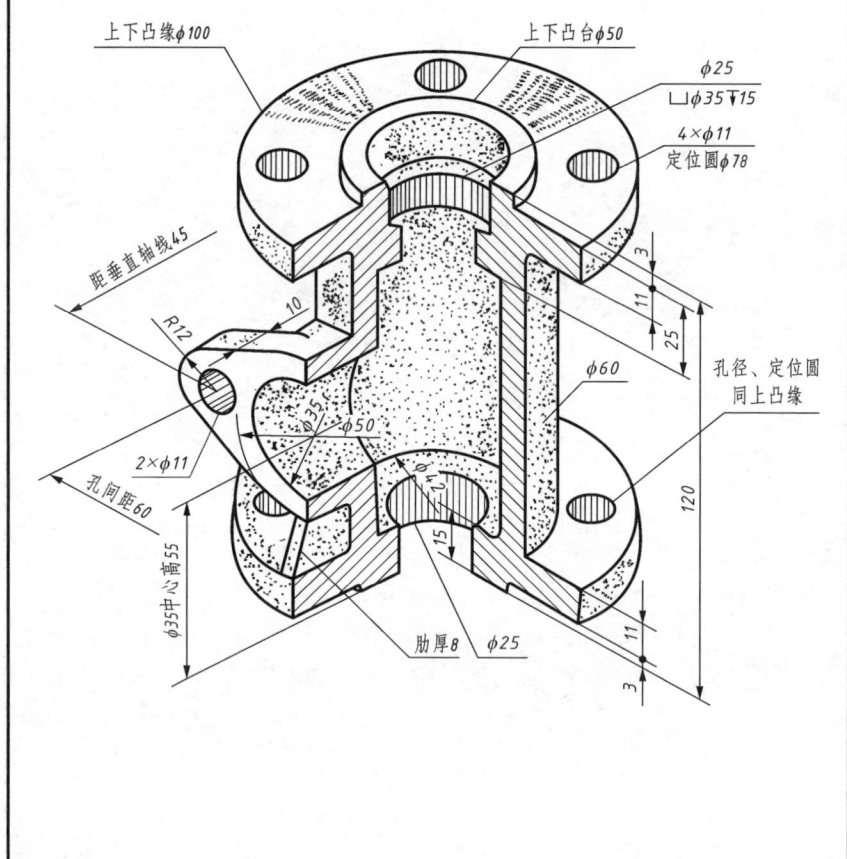

2. 机座。

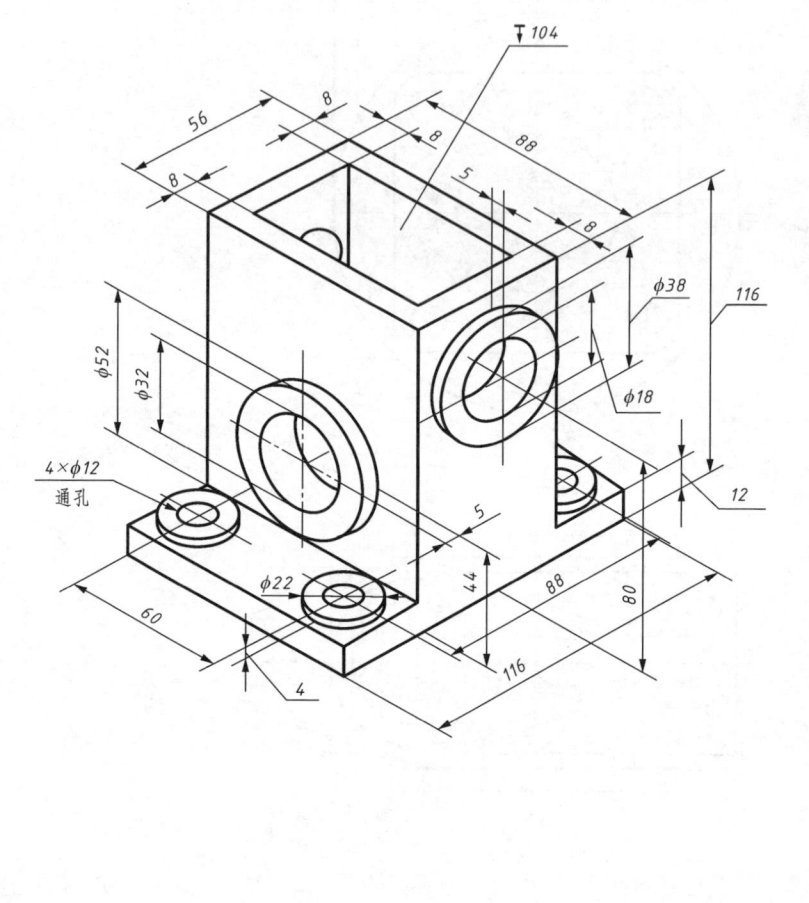

项目三 典型零件图的识读与绘制
任务一 认识零件图

3-1-1 标注表面粗糙度。

1. 根据下列图、表,标注零件表面粗糙度。

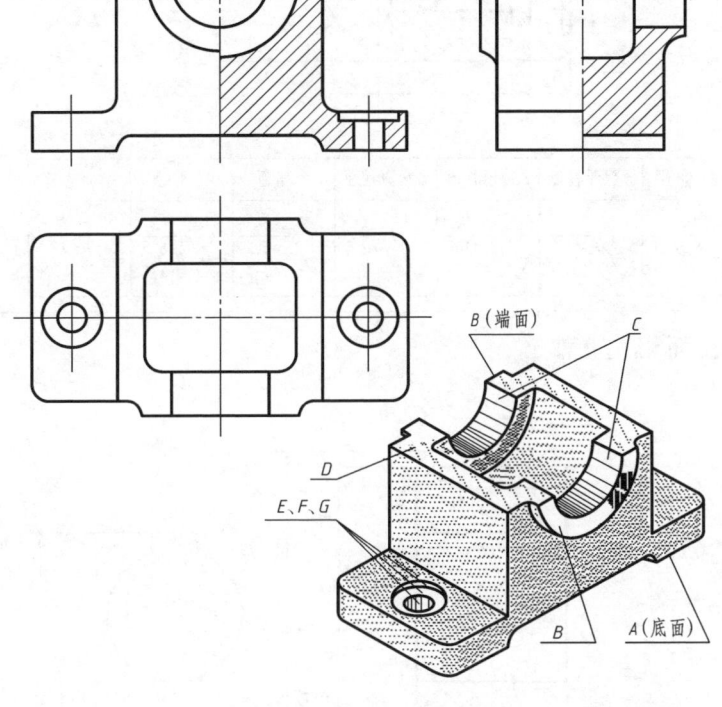

零件表面	A、B	C	D	E、F、G	其余表面
表面粗糙度代号	√Ra6.3	√Ra1.6	√Ra3.2	√Ra12.5	√

2. 根据已知条件,标注零件表面粗糙度。

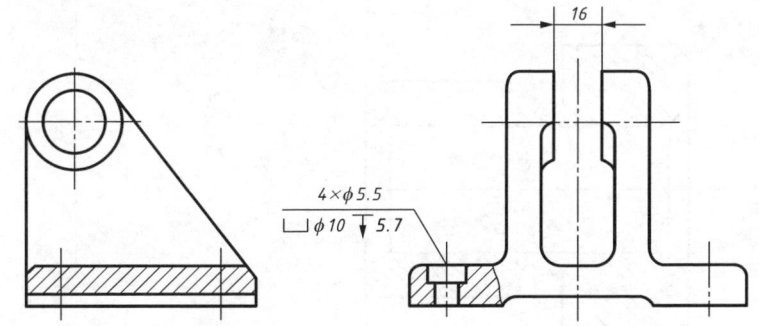

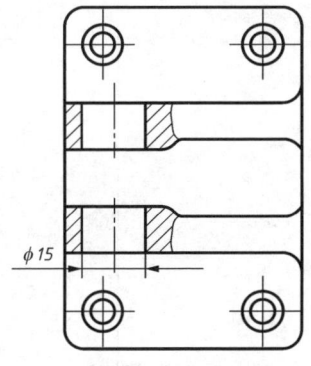

(1) ϕ15孔内表面Ra为6.3 μm。
(2) 四个ϕ10圆柱头沉孔Ra为12.5 μm。
(3) 间距为16两端面与底面Ra为6.3 μm。
(4) 其余铸造表面不需要切削加工。

· 55 ·

3. 分析上图中表面粗糙度标注的错误,将正确的标注在下图中。

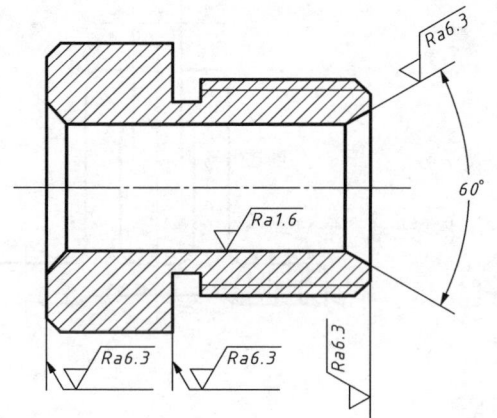

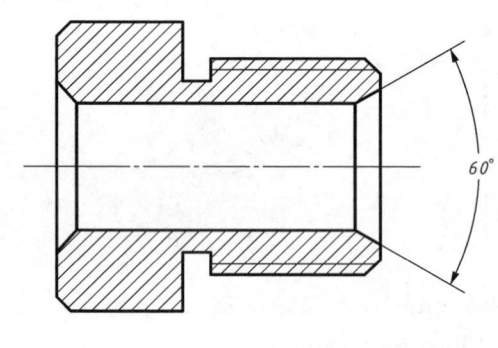

4. 根据下表,标注零件表面粗糙度。

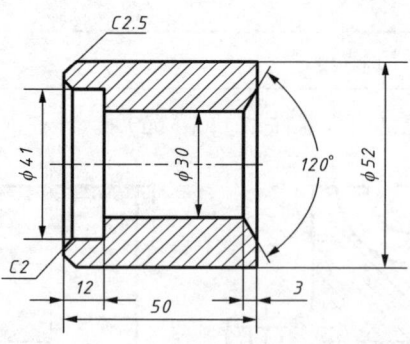

零件表面	120°锥面	φ41圆柱面	φ52圆柱面	φ30圆柱面	左端面	右端面	其余表面
表面粗糙度代号	Ra6.3	Ra3.2	Ra1.6	Ra0.8	Ra3.2	Ra6.3	Ra12.5

5. 标注齿轮表面粗糙度。

轮齿工作表面 Ra1.6
轴孔及两端面 Ra3.2
键槽工作面 Ra3.2
键槽底面 Ra6.3
其他表面 Ra12.5

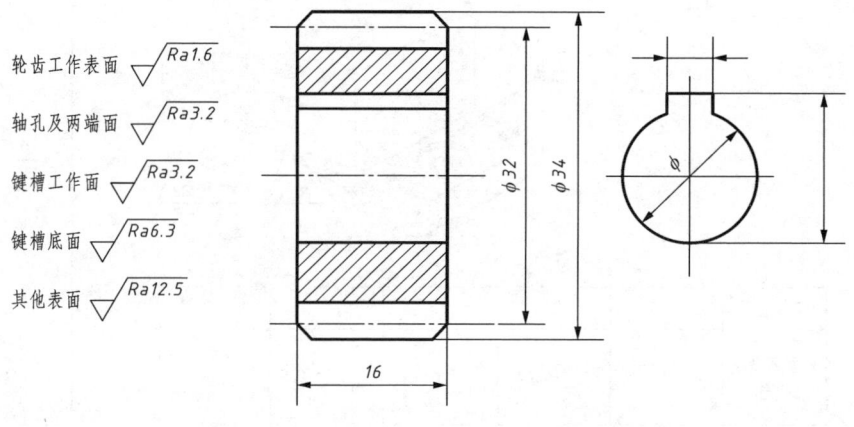

3-1-2 根据配合代号填空、查表标注孔、轴极限偏差。

1. 根据图示标注的配合代号填空。

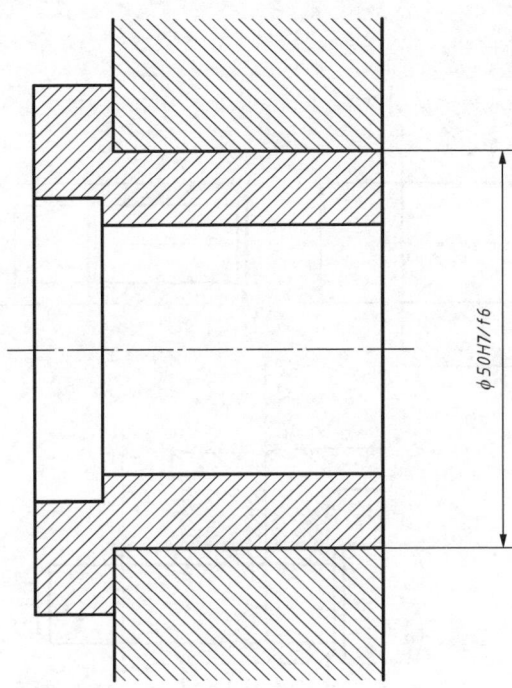

(1) 轴套与孔，属于基____制_____配合。
(2) 公差等级：轴套为IT___级，孔为IT___级。
(3) 基本偏差代号：轴套为_____，孔为_____。

2. 根据图示标注的配合代号填空，并根据配合代号查表，分别标注出孔和轴的极限偏差值。

1)

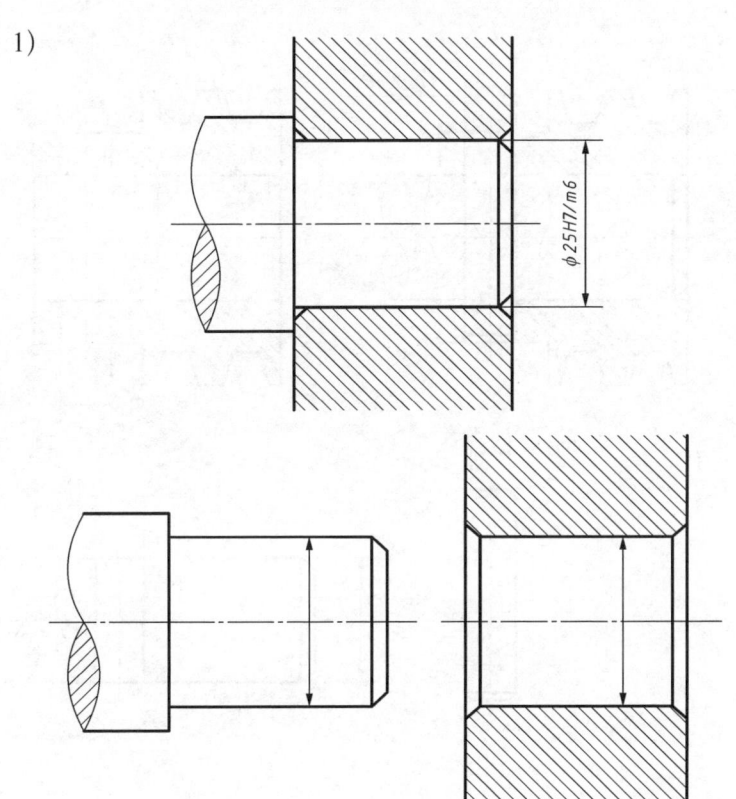

(1) 轴与孔，属于基____制_____配合。
(2) 公差等级：轴为IT___级，孔为IT___级。
(3) 基本偏差代号：轴为_____，孔为_____。

2)

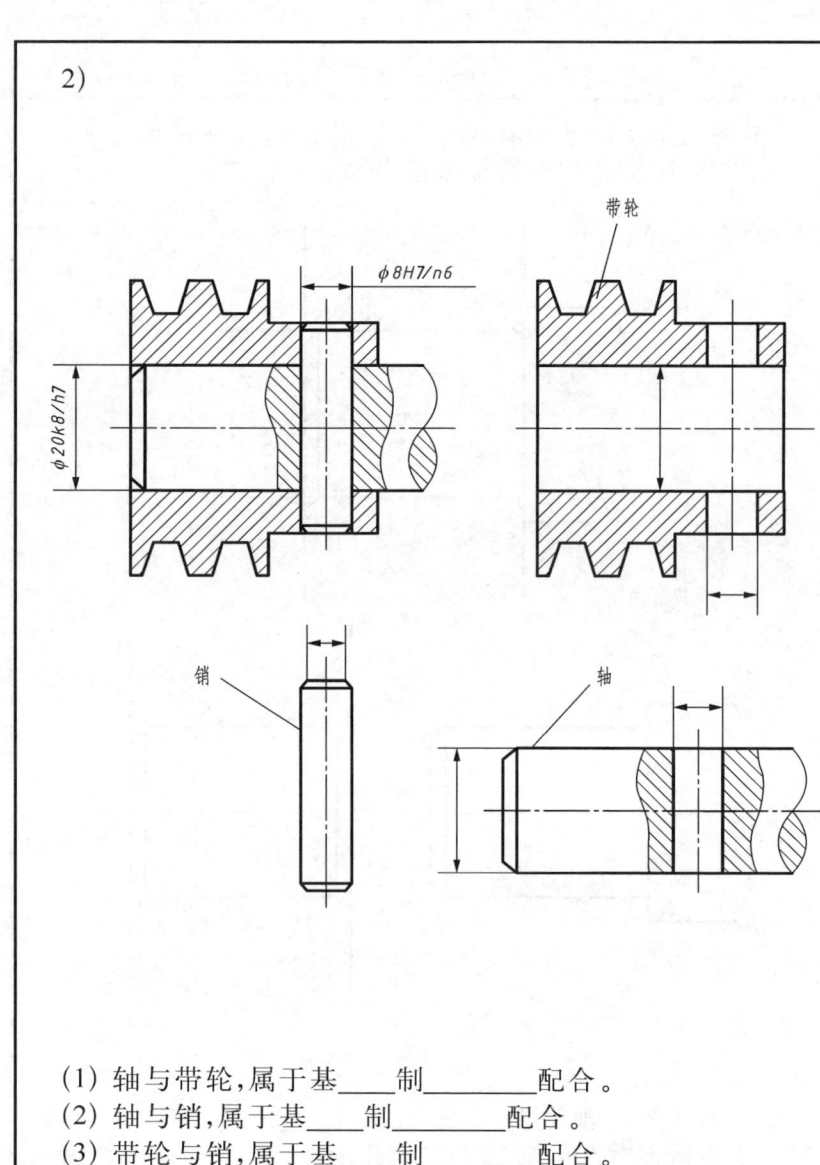

(1) 轴与带轮,属于基____制_____配合。
(2) 轴与销,属于基____制_____配合。
(3) 带轮与销,属于基____制_____配合。

3)

(1) 轴与轴套,属于基____制_____配合。
(2) 轴套与座体,属于基____制_____配合。

3-1-3 根据图示孔、轴极限偏差,查表确定配合代号,并填空、标注。

1.

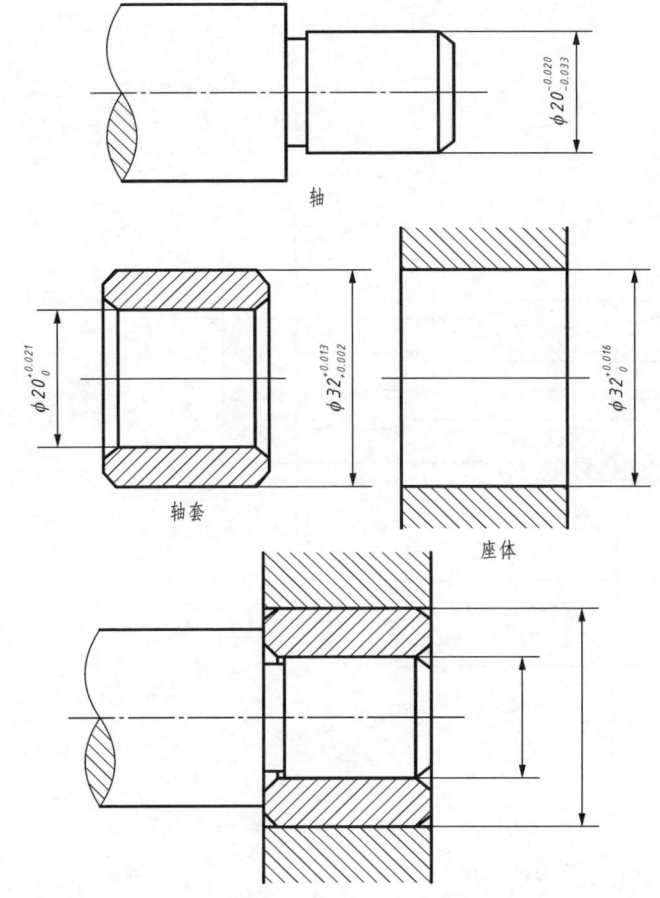

(1) 轴与轴套,属于基____制_____配合。
(2) 轴套与座体,属于基____制_____配合。

2.

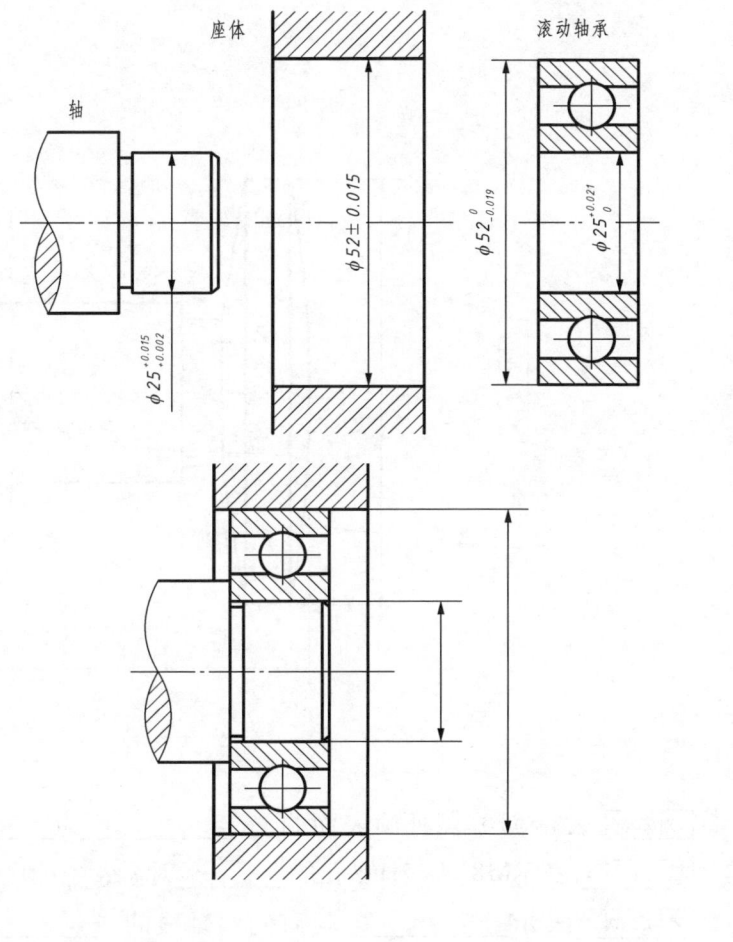

(1) 轴与滚动轴承,属于基____制_____配合。
(2) 滚动轴承与座体,属于基____制_____配合。

3-1-4 解释以下形位公差代号。

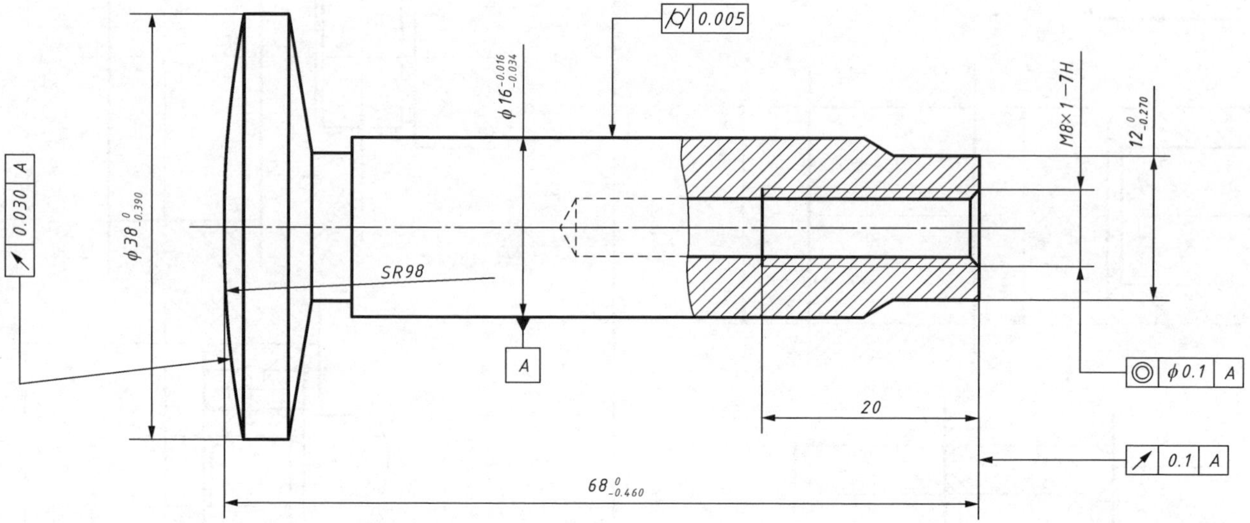

[⌭ 0.005] 表示$\phi16^{-0.016}_{-0.034}$外圆表面的____________为______________。

[◎ φ0.1 A] 表示M8×1-7H螺孔的________对$\phi16^{-0.016}_{-0.034}$轴线的______________为0.1 mm。

[↗ 0.030 A] 表示__________对$\phi16^{-0.016}_{-0.034}$轴线的______________为0.030 mm。

3-1-5 将用文字说明的形位公差用代号标注在图上。

1.

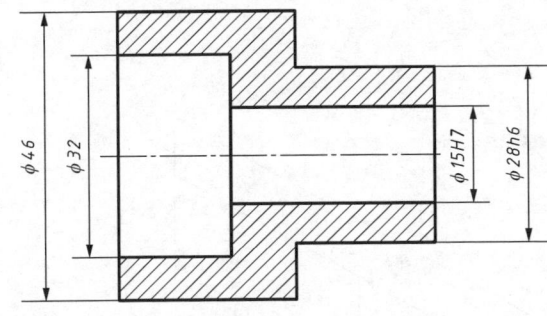

(1) φ28h6圆柱对φ15H7轴线的径向圆跳动度公差值为0.025。
(2) 左端面对φ15H7轴线的垂直度公差值为0.02。

2.

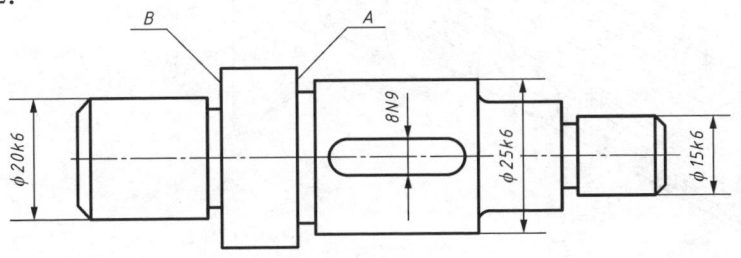

(1) φ25k6轴线对φ20k6和φ15k6轴线的同轴度公差值为φ0.025。
(2) A面对φ25k6轴线的垂直度公差值为0.05。
(3) B面对φ20k6轴线的端面圆跳动公差值为0.05。
(4) 键槽对φ25k6轴线的对称度公差值为0.04。

3.

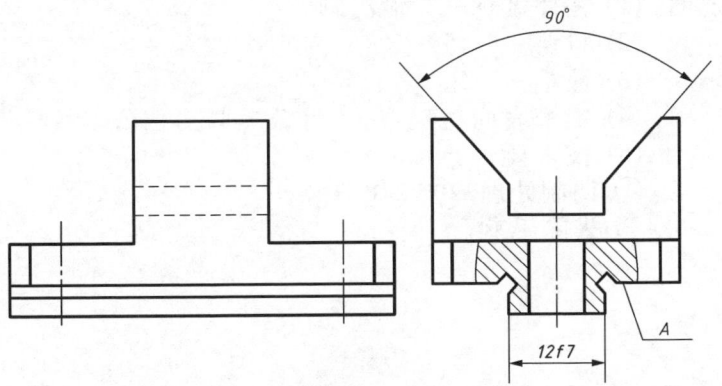

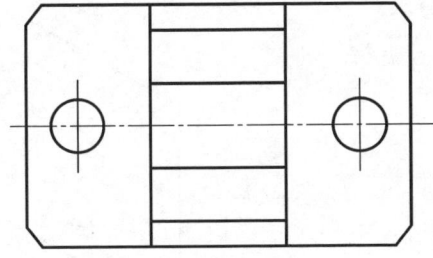

(1) A面的平面度公差值为0.04。
(2) 12f7中心线对平面A的垂直度公差值为0.01。
(3) 90°V形槽对12f7对称中心面的对称度公差值为0.01。

任务二 绘制零件图

3-2-1 根据轴零件轴测图画轴零件图。

说明：(1) 零件名称——输出轴。
　　　(2) 材料——45。
　　　(3) 数量——2。
　　　(4) 键槽表面粗糙度、尺寸公差与形位公差按标准查取。
　　　(5) 技术要求：
　　　① 调制处理220~240 HBS。
　　　② 去除毛刺。

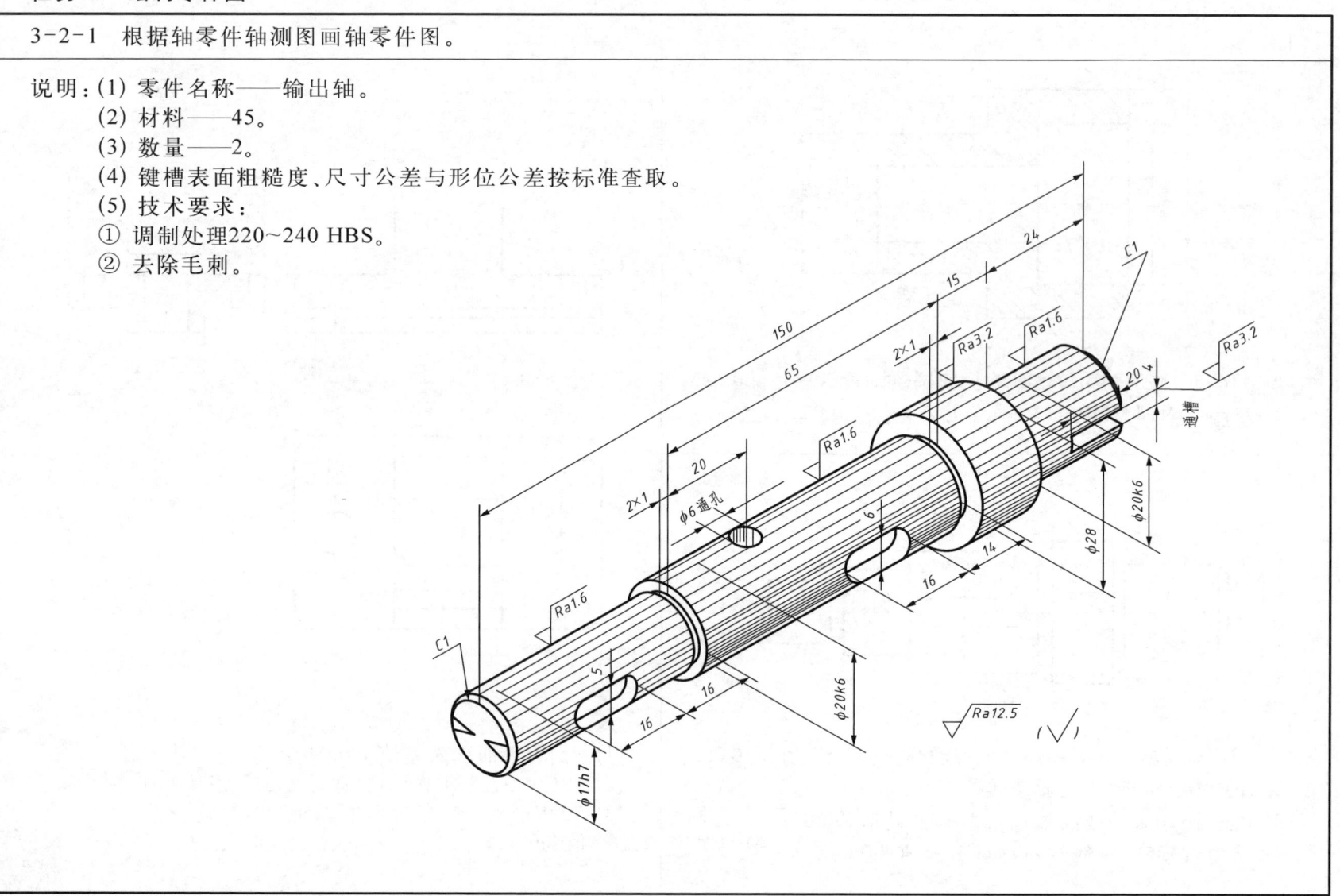

3-2-2 根据支架零件轴测图画轴零件图。

说明：(1) 零件名称——踏架；
　　　(2) 材料——HT150；
　　　(3) 数量——1；
　　　(4) 图中 ∇ = $\sqrt{Ra6.3}$，其余 ∇；
　　　(5) 未注圆角R2~R3。

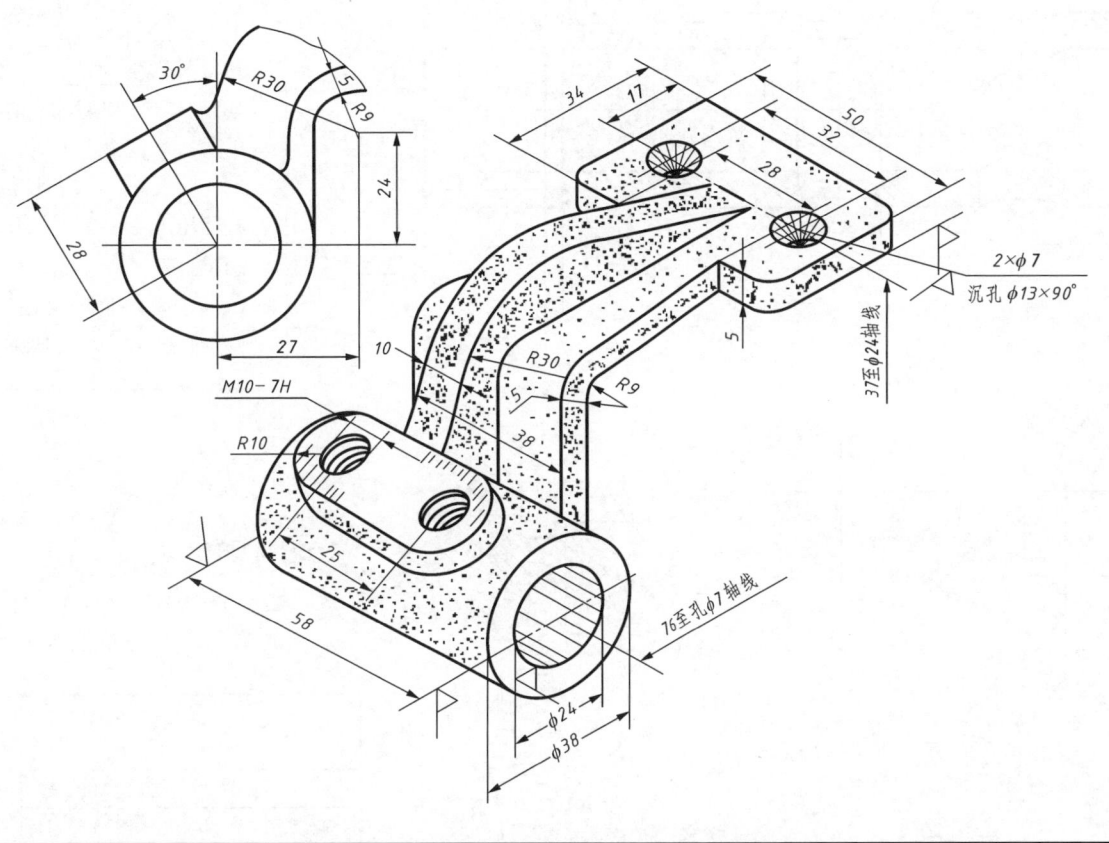

任务三　识读零件图

3-3-1　识读轴套零件图,并回答问题。

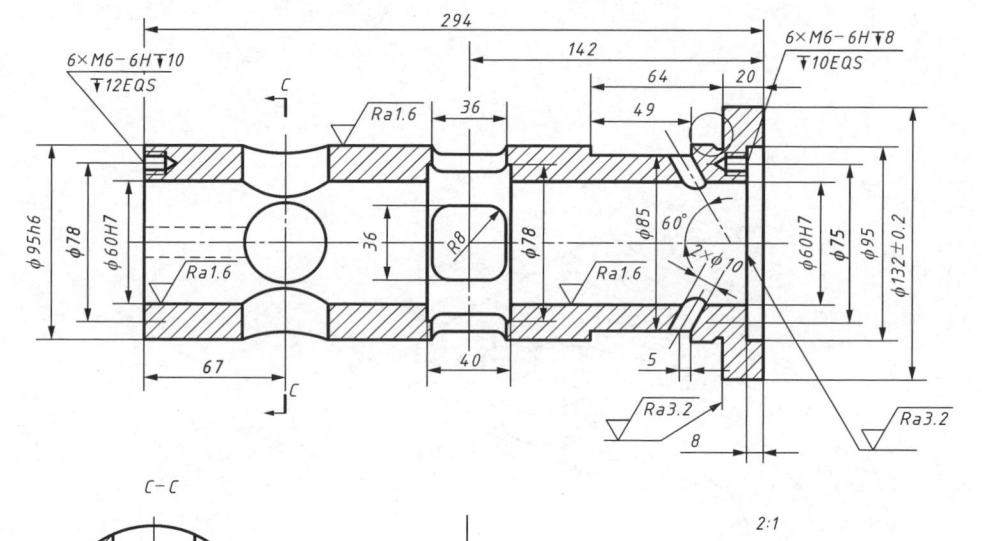

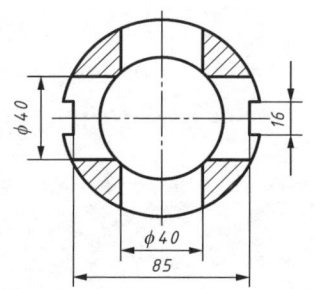

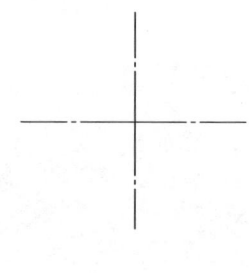

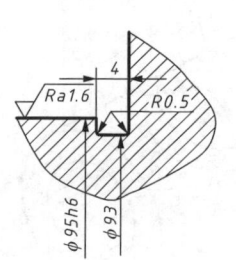

1. 该零件为_____类零件,主视图选择符合零件_____的位置原则。
2. 除主视图外,采用_____图表达_____；采用_____图表达_____。
3. 该零件左端面有___个____孔,____为10,孔深_____。
4. $\phi 95h6$圆柱面的表面粗糙度用___材料的方法获得,Ra值为_____。
5. 查表确定极限偏差：
$\phi 95h6$(　　　　　)；
$\phi 60H7$(　　　　　)。
6. 在零件图中标出径向和轴向主要基准。
7. 在指定位置画出移出断面图。

技术要求
1. 锐边倒钝,未注倒角C2。
2. 全部螺孔均有倒角C1。

轴　套	比例	材料	数量	(图号)
		45		
制图		(日期)		(校名)
审核		(日期)		

3-3-2 识读油缸端盖零件图,并回答问题。

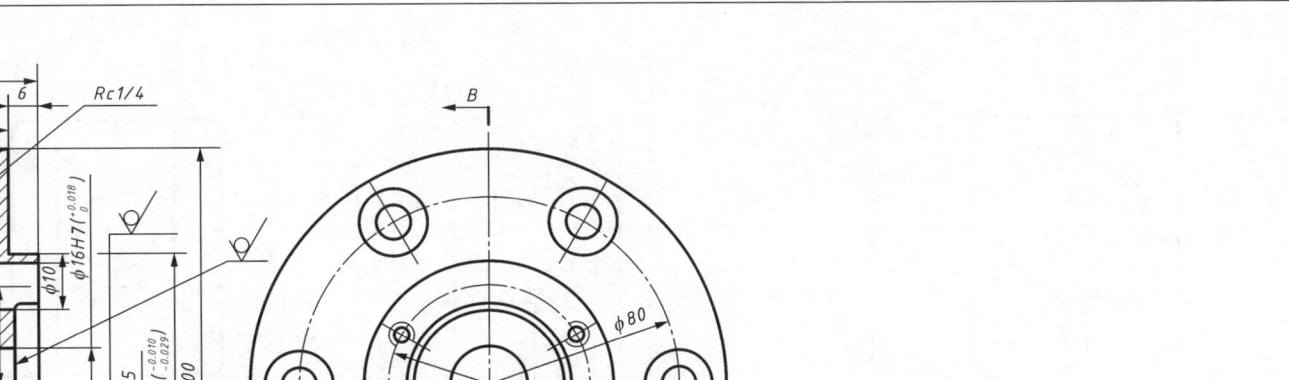

1. 该零件的名称是_____;零件图用了_____个视图,主视图采用_____视图,反映了零件_____位置。
2. 该零件左端面有_____个螺孔,螺孔深_____;Rc1/4表示_____螺纹,加工在_____面上,定位尺寸是_____。
3. 表面粗糙度要求最高的表面有_____处,其值为_____;有_____处尺寸公差要求,精度等级最高的是_____;有_____处形位公差要求,基准是_____。
4. 在零件图中标出径向和轴向主要基准。
5. 在右边空白处画出右视图,看不见的结构不用画。

	比例	材料	数量	(图号)
油缸端盖		HT150		
制图		(日期)		(校名)
审核		(日期)		

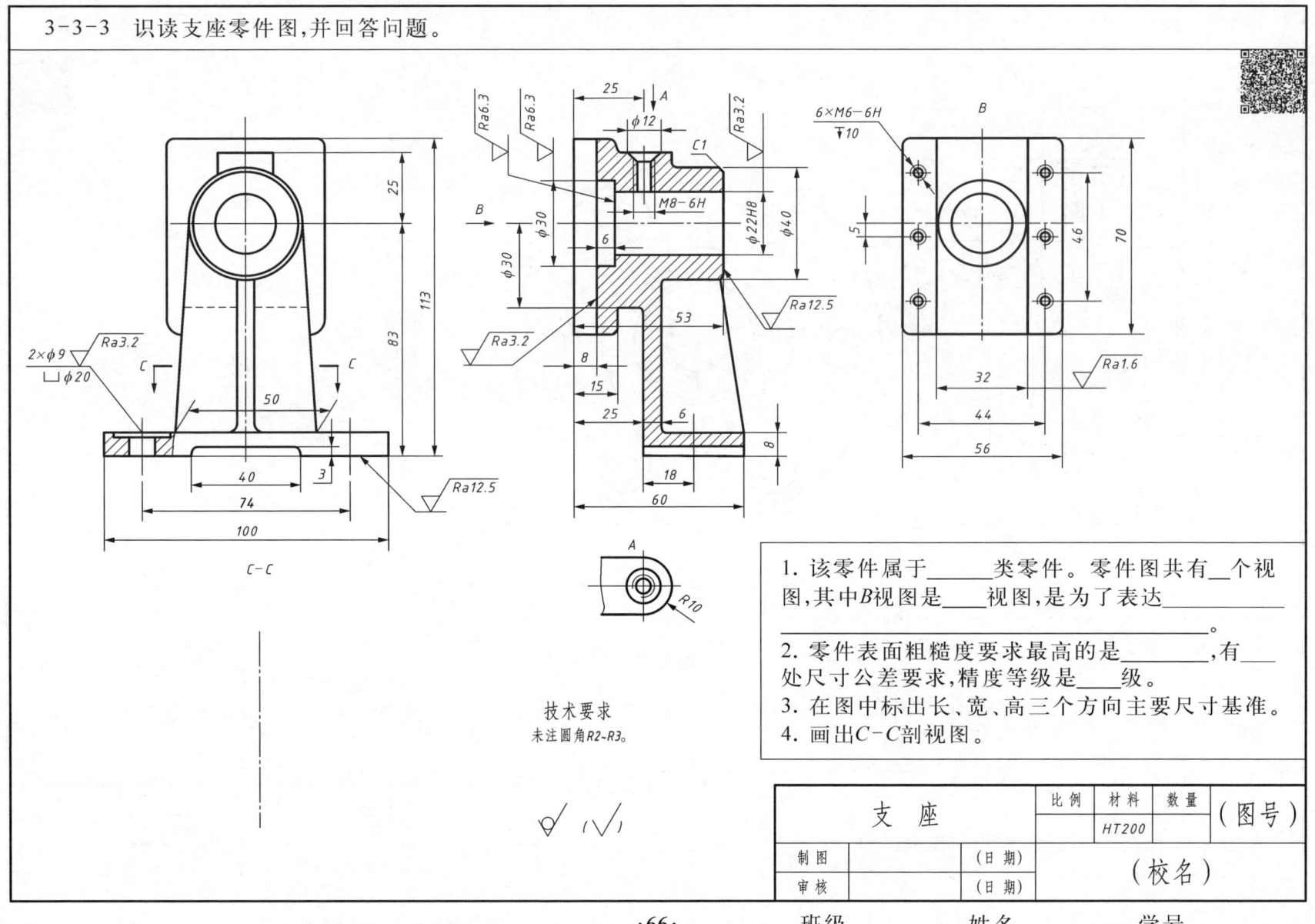

3-3-4 识读泵体零件图,并回答问题。

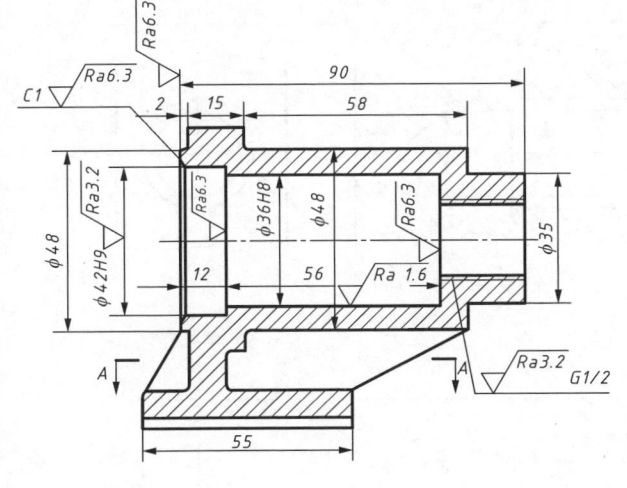
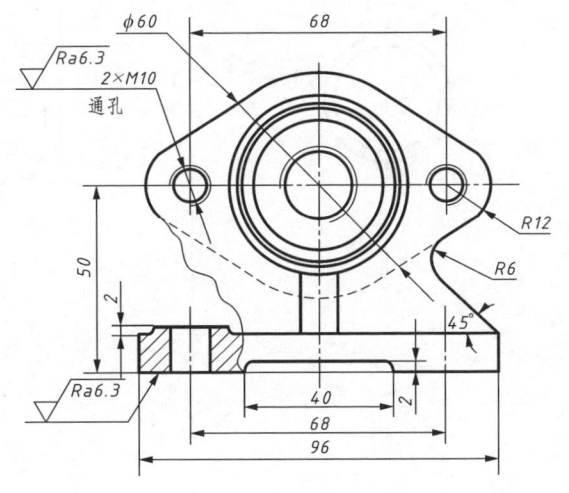
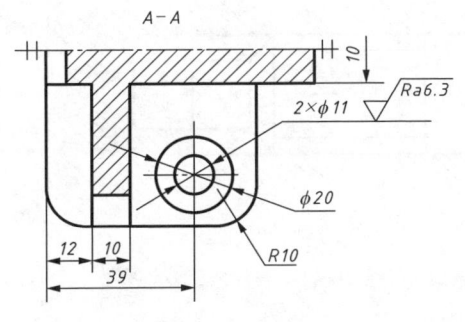

技术要求
1. 铸造圆角R2~R4。
2. 铸件不得有砂眼及缩孔。

1. 该零件属于_____类零件。零件图共有___个视图,其中左视图采用___剖视图,是为了表达_____。
2. G1/2表示_____;φ36H8表示_____,此处Ra是_____。
3. 在图中标出长、宽、高三个方向主要尺寸基准。
4. 在右边空白处画出右视图(看不见的结构不用画)。

	比例	材料	数量	(图号)
泵 体		HT200		
制图		(日期)		(校名)
审核		(日期)		

班级　　姓名　　学号

项目四 标准件与常用件图样的识读与绘制
任务一 识读与绘制螺纹与螺纹联接件图样

4-1-1 找出下列图中螺纹及螺纹联接画法上的错误,并在图下方指定位置画出正确的图。

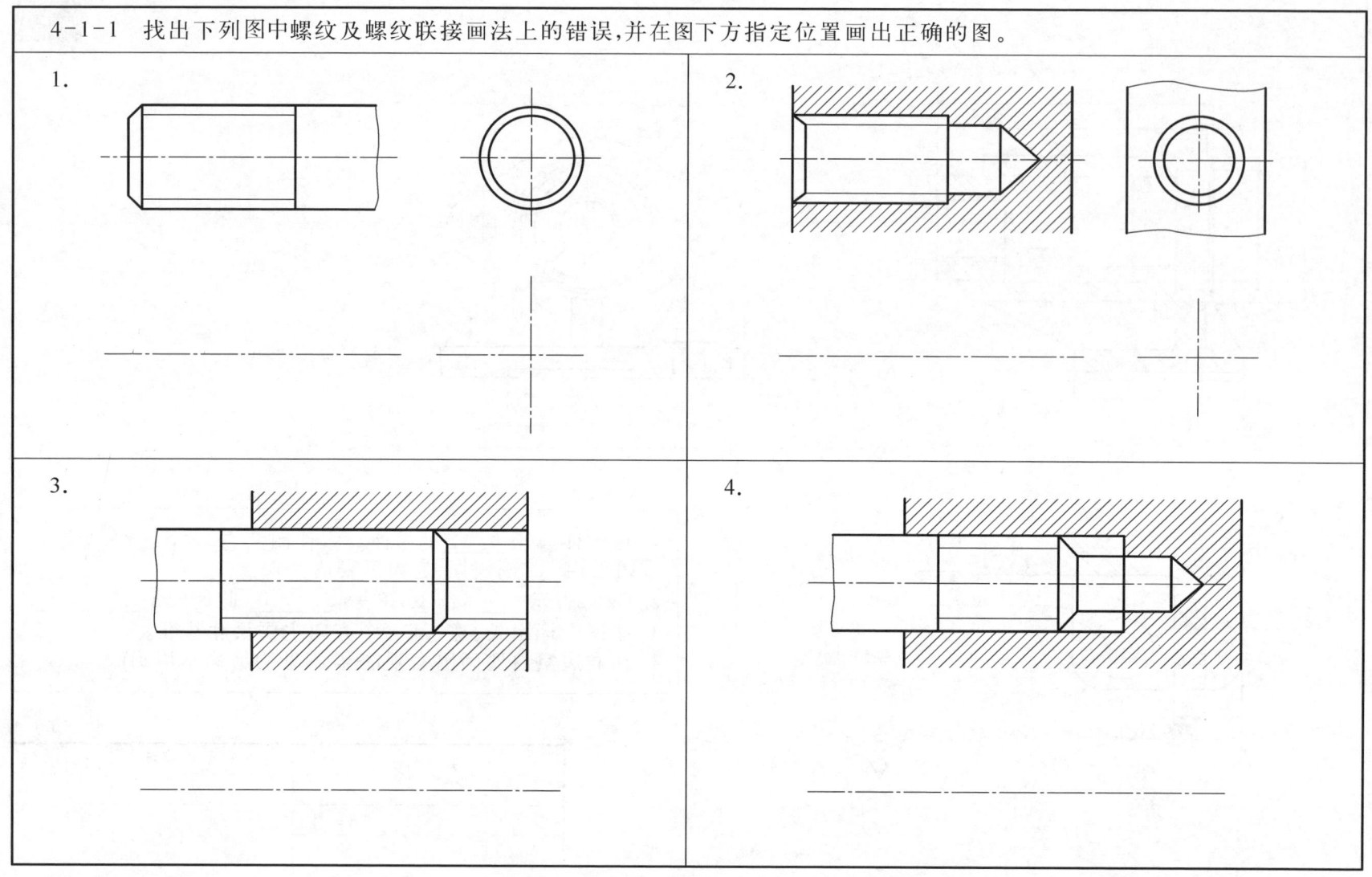

·68· 班级　　姓名　　学号

4-1-2 按下列给定条件及参数，在图上注出螺纹的标记。

1. 粗牙普通螺纹，公称直径20，螺距2.5，单线、右旋，中径公差带代号5g，顶径公差带代号6g，中等旋合长度。

2. 细牙普通螺纹，公称直径20，螺距1，单线、左旋，中径公差带代号5g，顶径公差带代号6g，短旋合长度。

3. 梯形螺纹，公称直径40，螺距7，导程14，双线，左旋，中径公差带代号为8e。

4. 55°非密封管螺纹，尺寸代号为1/2，公差等级为A级，单线，左旋。

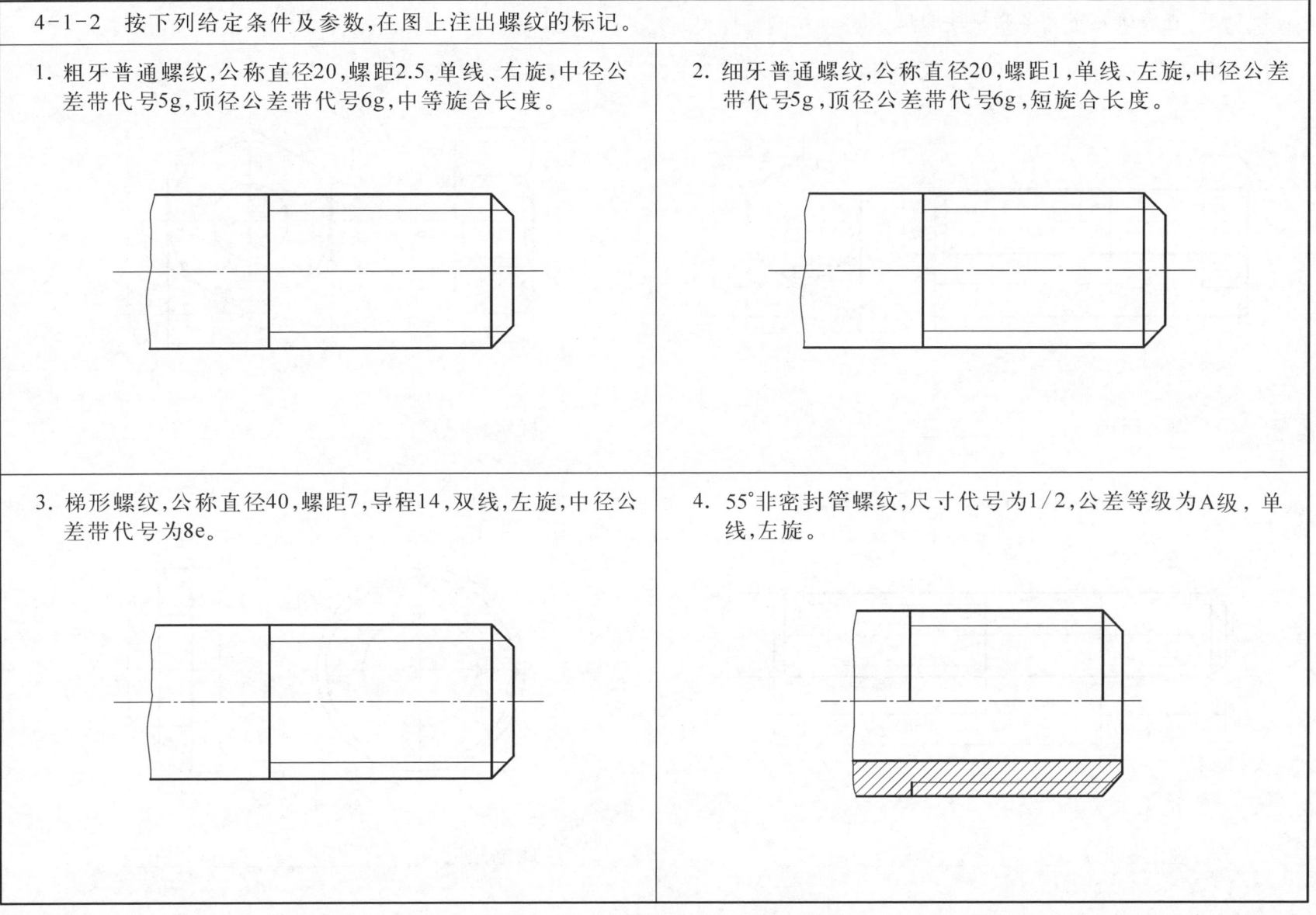

4-1-3 查表确定下列各联接件的尺寸,并写出规定标记。

1. 六角头螺栓:螺纹大径10 mm,长40 mm,A级。

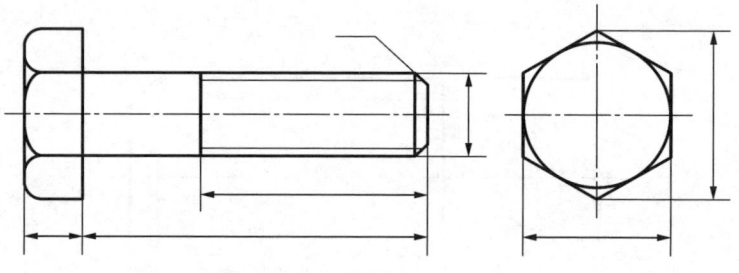

规定标记:_____

2. 六角螺母:螺纹大径16 mm,A级。

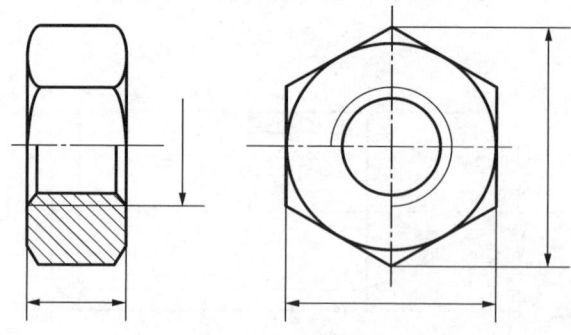

规定标记:_____

3. 双头螺栓:螺纹大径10 mm,$b_m=1.5d$,A型。

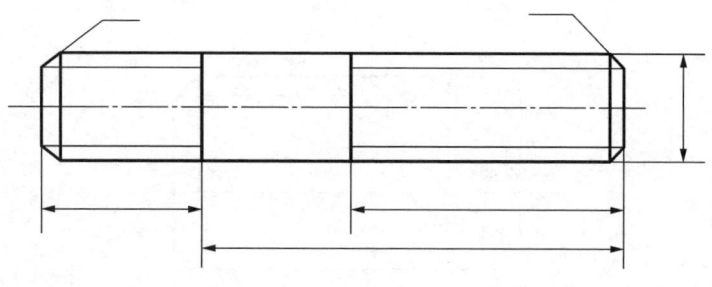

规定标记:_____

4. 垫圈:公称直径16 mm,C级。

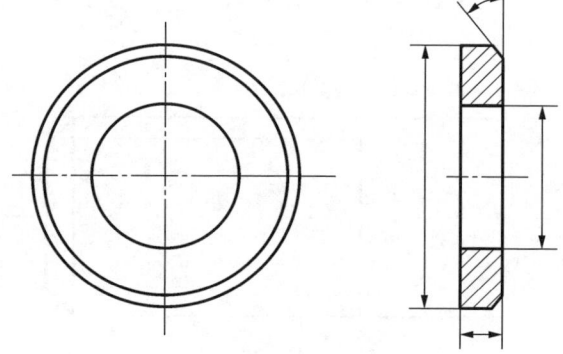

规定标记:_____

4-1-4 指出下列各联接图中的错误，并在指定位置画出正确的图形。

1.

2.

3.

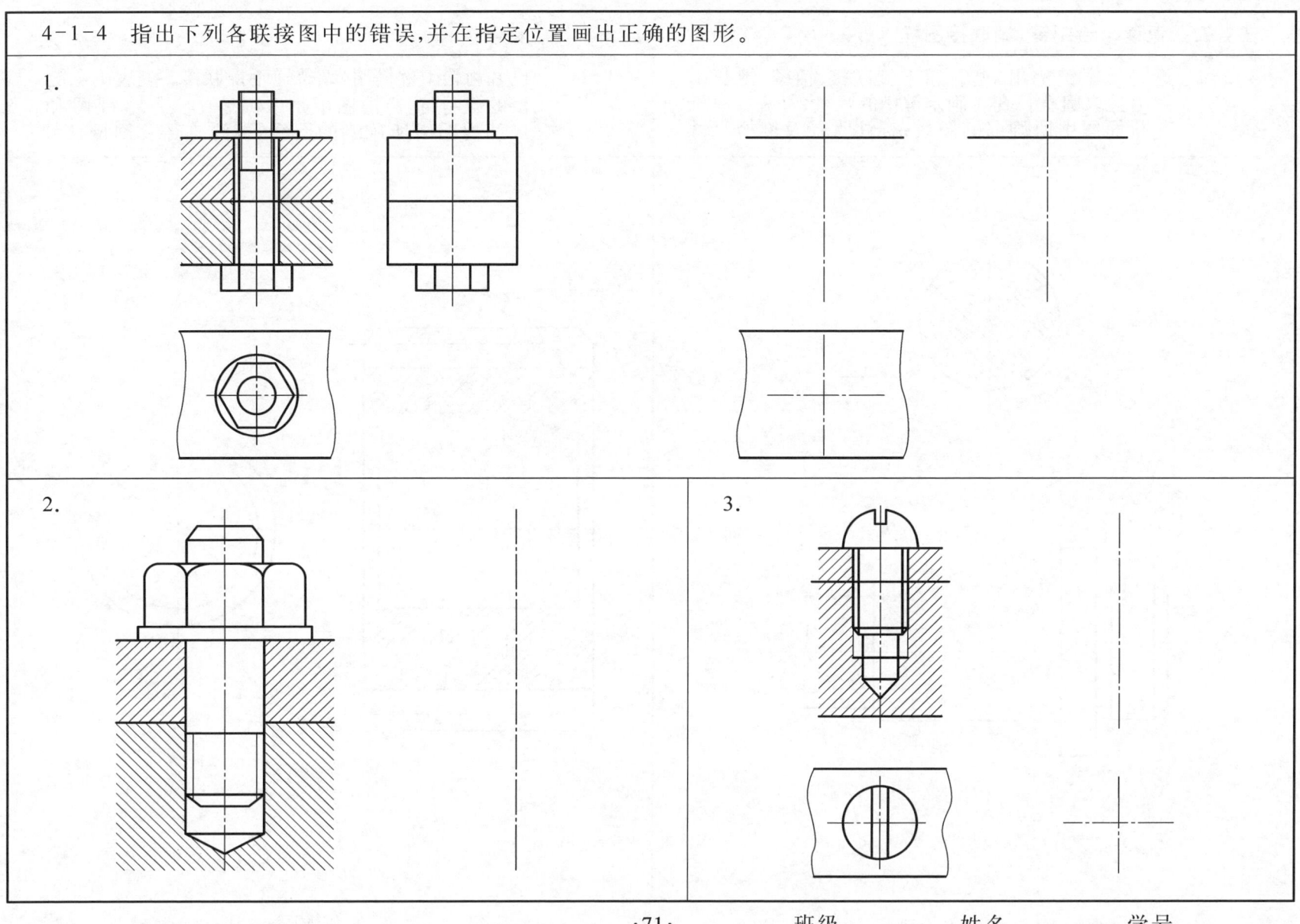

任务二 识读与绘制键、销联接图样

4-2-1 已知轴上键槽用A型普通平键联接,轴径、键长由图中量取圆整。查表确定键槽的尺寸;补齐主视图和断面图中所确漏的图线;标注直径及键槽尺寸。

4-2-2 已知齿轮上键槽用A型普通平键联接。查表确定键槽的尺寸(孔径由图中量取圆整);补齐主视图和局部视图中所确漏的图线;标注直径及键槽尺寸。

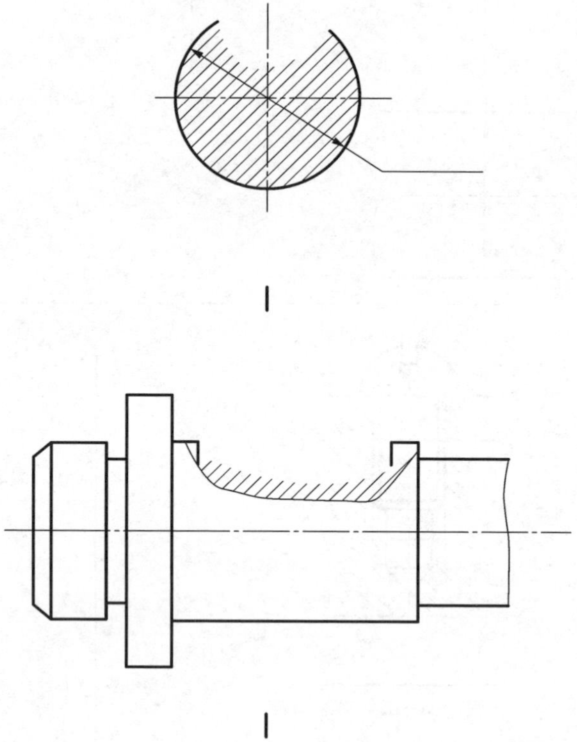

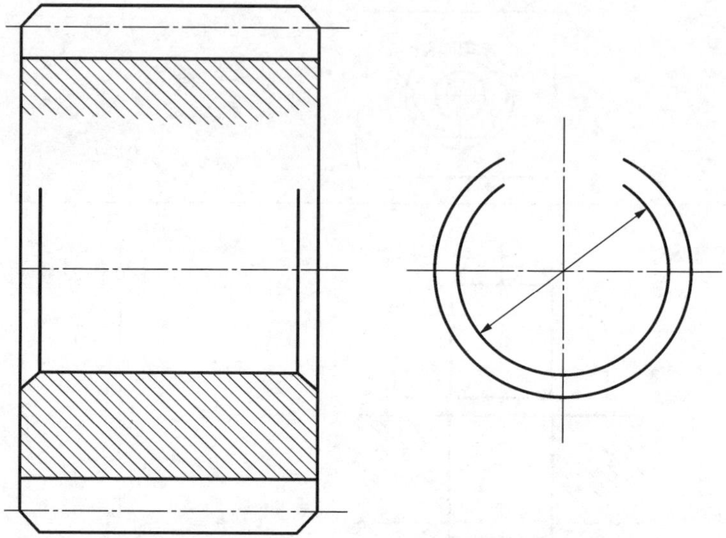

4-2-3 已知轴和齿轮,用A型普通平键联接,完成下列问题。

1. 查表确定键和键槽的尺寸,按1:1的比例完成轴和齿轮的图形,并标注轴、孔及键槽的尺寸(孔、轴直径和键长由图中量取,圆整确定)。

   1) 轴   2) 齿轮

2. 用键将轴和齿轮联接起来,完成其联接图。

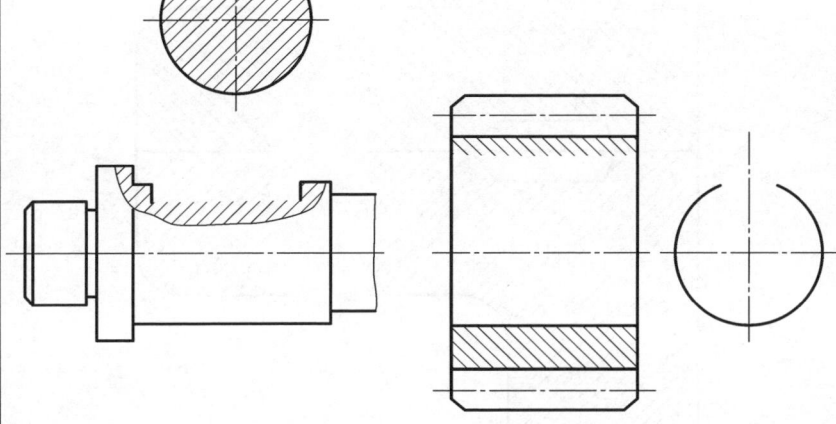

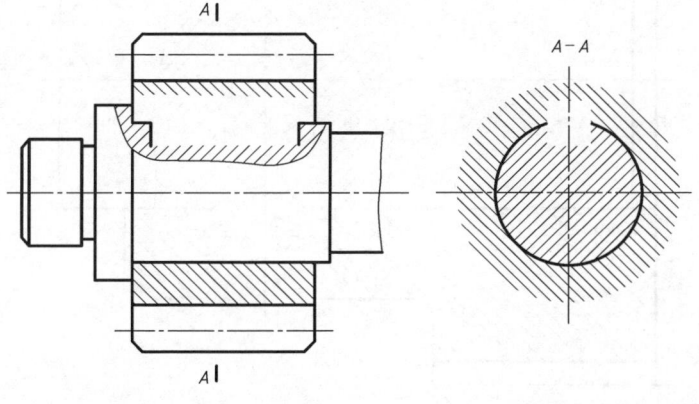

键的规定标记为:_____

4-2-4 齿轮与轴用圆柱销联接,画全销联接的剖视图,比例1:1,并写出圆柱销的规定标记(销直径、长度由图中量取,圆整确定)。

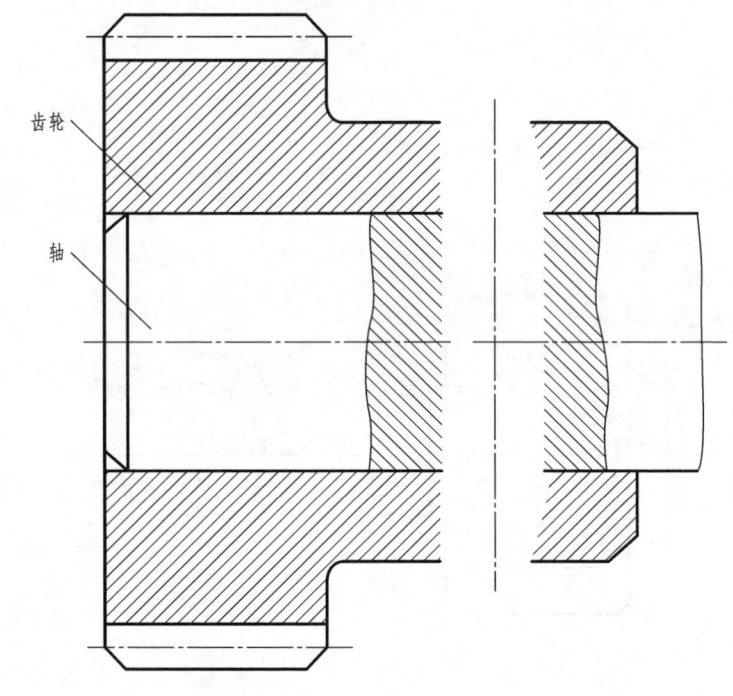

销的规定标记：_____

4-2-5 用1:1的比例,画全A型圆锥销联接图,并写出销的标记(销直径、长度由图中量取,圆整确定)。

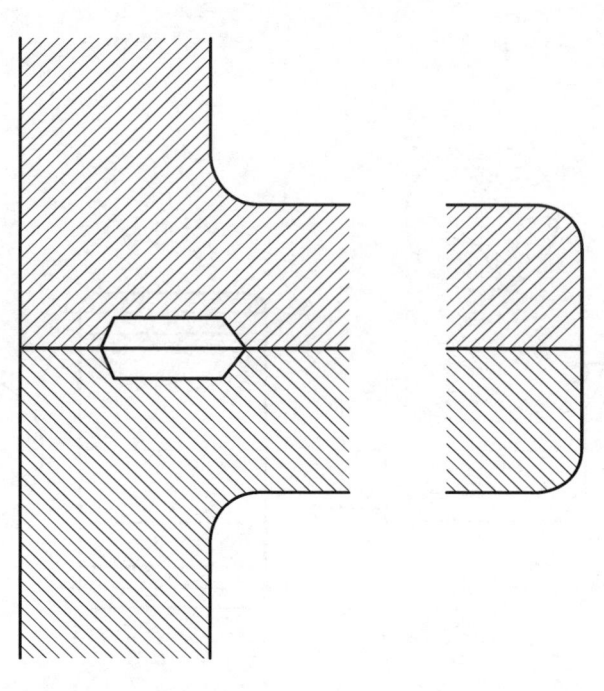

销的规定标记：_____

任务三　识读与绘制齿轮图样

4-3-1　已知直齿圆柱齿轮 $m=5$、$z=40$，轮齿端部倒角 $C2.5$，完成齿轮工作图（1∶2），并注全尺寸（单位：mm）。

4-3-2 已知直齿圆柱齿轮模数 $m=3$,齿数 $z=20$。

要求：(1) 计算齿轮的分度圆、齿顶圆和齿根圆直径；
　　　(2) 在主视图中,完成齿轮的轮齿部分图线；
　　　(3) 标注齿顶圆、分度圆和齿根圆直径。

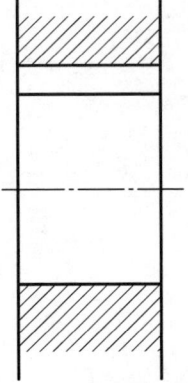
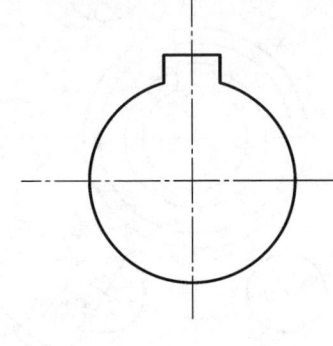

4-3-3 阅读下图所示齿轮轴,要求完成如下工作(1:1作图)。

(1) 在①局部剖视图位置补全齿轮轴中的轮齿部分图线,并标注齿顶圆、分度圆和齿根圆尺寸(齿轮模数 $m=2$,齿数 $z=30$)。
(2) 在②处绘制 A-A 移出断面图,查表确定键槽的尺寸并加以标注(轴径、键长由图中量取圆整)。

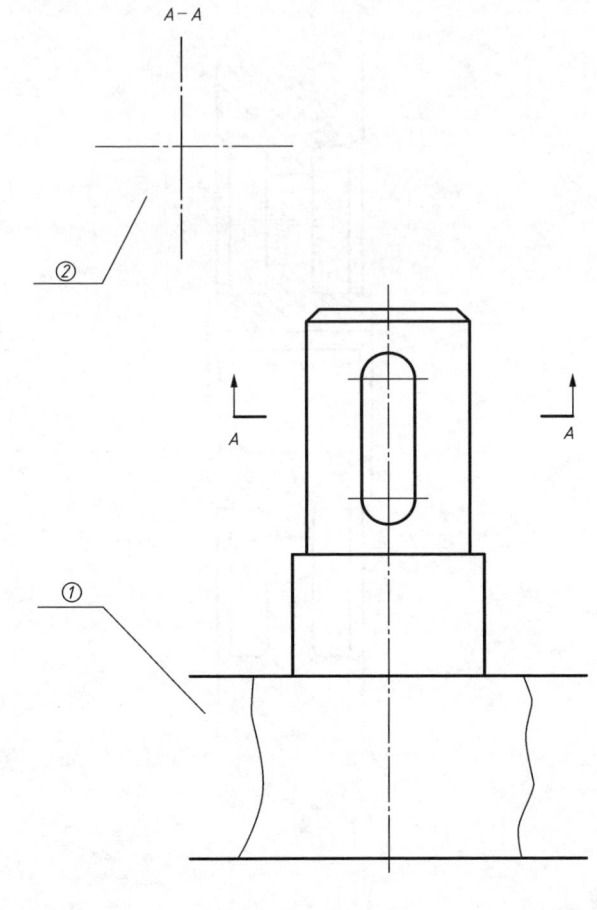

4-3-4　已知大齿轮$m=4$、$z=40$，两轮中心距$a=120$，试计算大、小齿轮的基本尺寸，并用适当的比例完成啮合图(单位：mm)。

任务四　识读与绘制滚动轴承与弹簧图样

4-4-1　查表确定滚动轴承的尺寸,用规定画法在轴端画出轴承与轴的装配图(根据图样选择适当比例绘制)。

1. 滚动轴承6305　GB/T 276。
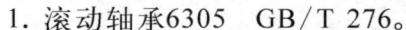

2. 滚动轴承30306　GB/T 297。

4-4-2　已知轴用滚动轴承支撑,两支撑段处的直径分别为25 mm和15 mm,用规定画法画出滚动轴承的另一侧(根据图样选择适当比例绘制)。

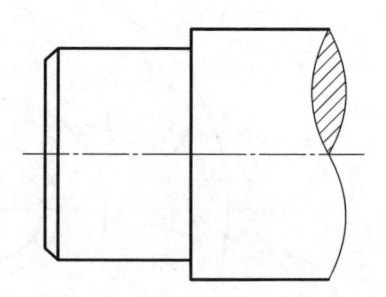

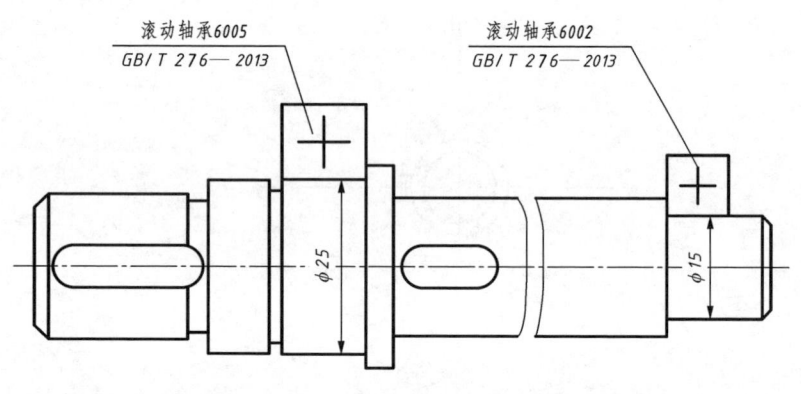

4-4-3　已知圆柱螺旋压缩弹簧的簧丝直径为5 mm,弹簧中径40 mm,节距10 mm,弹簧自由高度76 mm,支撑圈数为2.5,右旋。试画出弹簧的全剖视图,并标注尺寸。

项目五　装配图的识读与绘制
任务一　认识装配图

分析手压阀装配图和手压阀轴测装配图，解答问题。

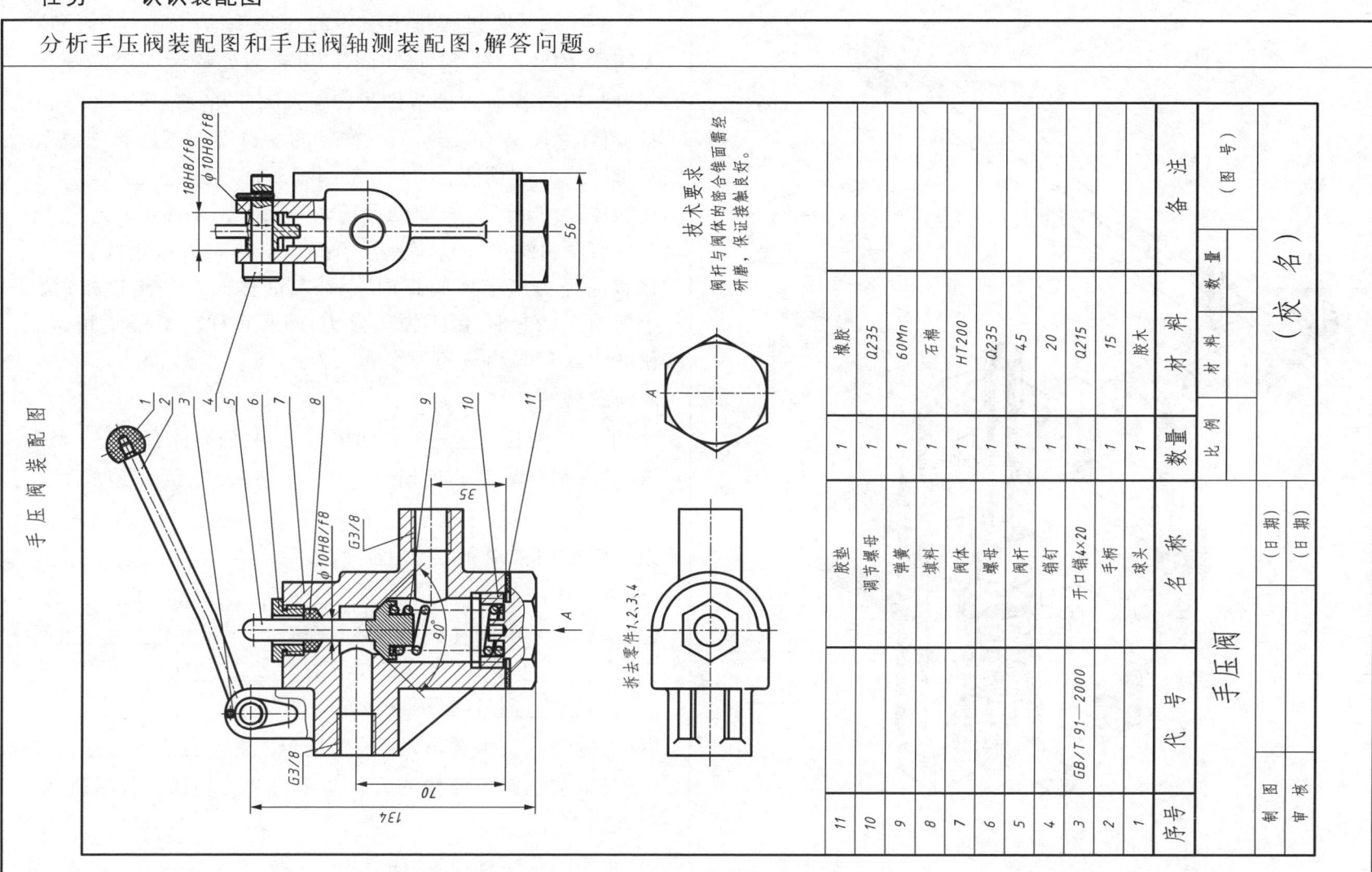

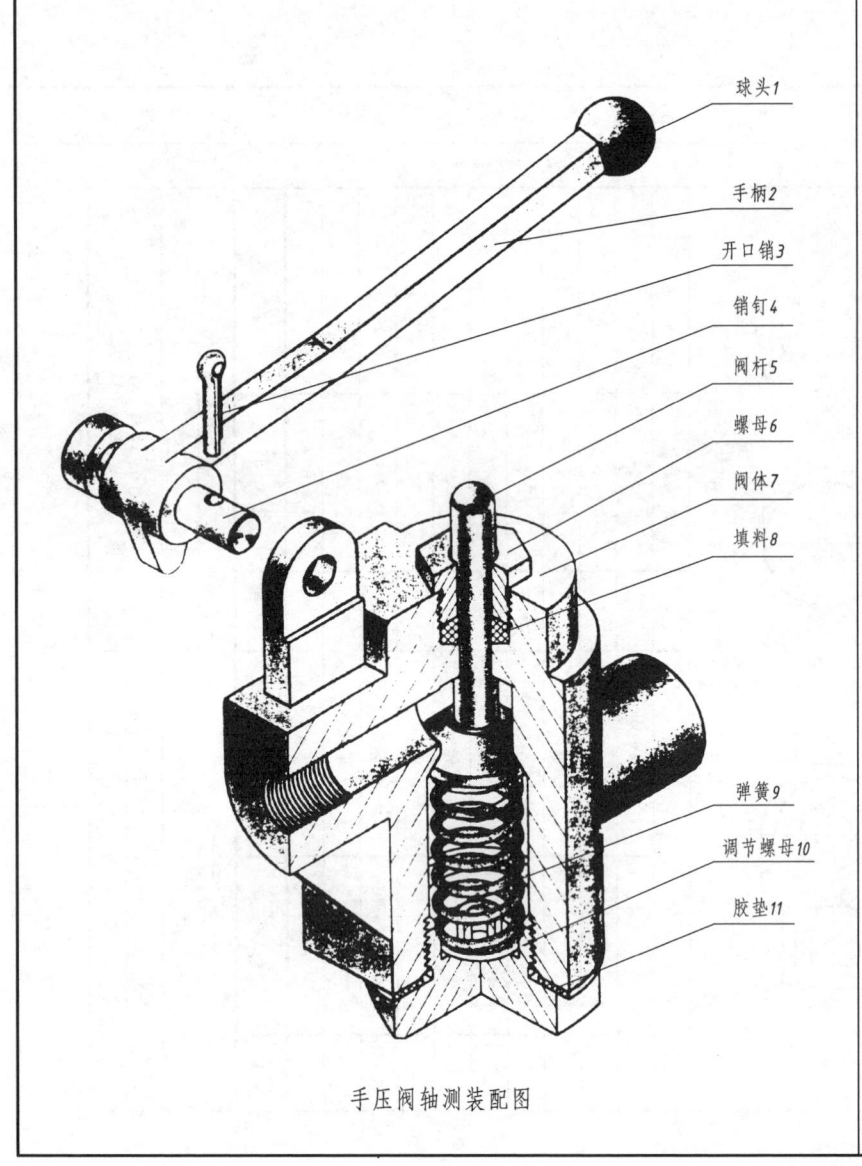

手压阀轴测装配图

1. 手压阀的装配关系和工作情况：

手压阀是吸进或排出液体的一种手动阀门。阀杆5装入阀体7内腔上部，阀杆5与阀体7以锥面处接触而隔断流体入口与出口相通。调节螺母10旋入阀体7的螺孔内，为了密封，两者之间装有胶垫11。弹簧9的支撑端面下端置于调节螺母10的凹坑面上，上端顶着阀杆5的凹坑面。为了密封，在阀体7与阀杆5之间加进填料8，并旋入锁紧螺母6。

手压阀的工作情况是：当握住手柄向下压紧阀杆时，弹簧因受力压缩使阀杆向下移动，液体入口与出口相通。手柄向上抬起时，由于弹簧弹力作用，阀杆向上压紧阀体，使液体入口与出口不通。

2. 问题解答：

(1) 手压阀共由_____个零件组成，其中标准件有_____个。

(2) 手压阀装配图共采用了_____个视图，其中主视图采用了_____视图，主要表达了件5等零件在_____向的装配关系。俯视图采用了_____画法。

(3) 图中性能尺寸是_____；标注了_____处配合尺寸，其中阀杆5与阀体7的配合尺寸为_____，属于_____配合；相对位置尺寸有_____处，尺寸分别是_____；属于外形尺寸的是_____。

(4) 手压阀的技术要求是_____。

(5) 图示装配图中流体的入口与出口是否相通？若不通，如何连通？

(6) 简述阀杆5的拆卸过程。

班级　　　姓名　　　学号

任务二 测绘装配体

5-2-1 根据钩形压板装配示意图和零件图，拼画钩形压板装配图。

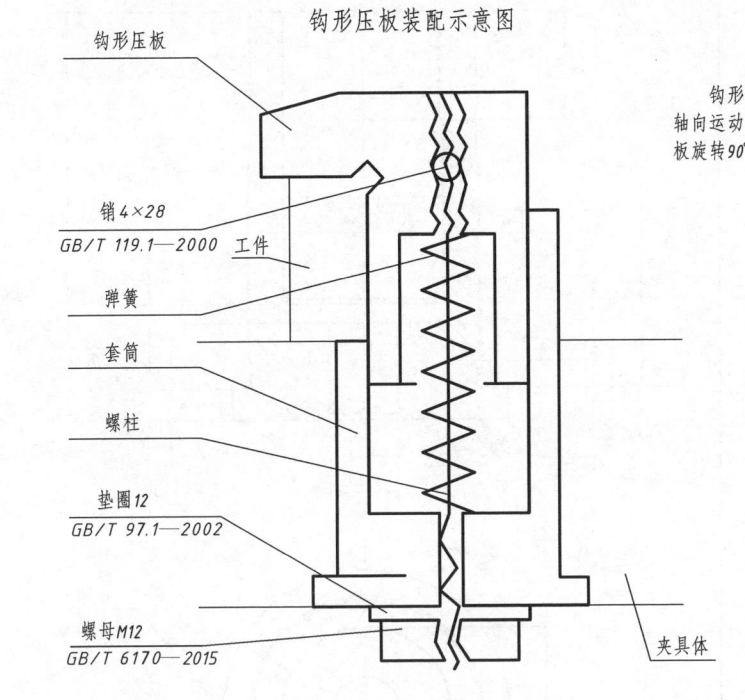

钩形压板装配示意图

钩形压板工作原理

钩形压板是机床夹具中的通用夹紧装置。此装置固定在机床夹具体上。当旋动螺母时，可使螺柱沿轴向运动，并带动钩形压板上下移动，达到压紧工件的目的。如要取下工件，可旋松螺母，使钩形压板旋转90°。

技术要求

1. 压板在套筒内上下运动、转动自如。
2. 此钩形压板夹紧工件的最大厚度为35 mm。

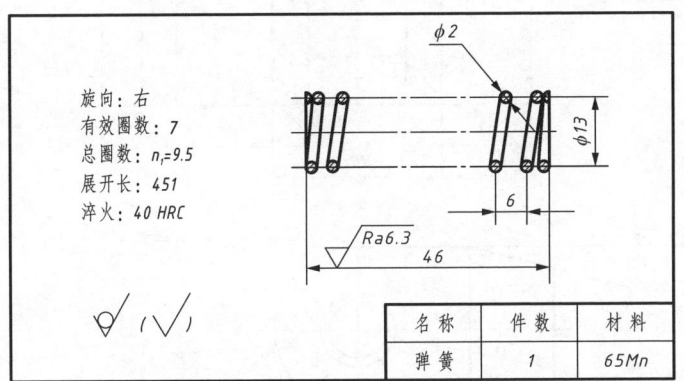

旋向：右
有效圈数：7
总圈数：$n_1=9.5$
展开长：451
淬火：40 HRC

名称	件数	材料
弹簧	1	65Mn

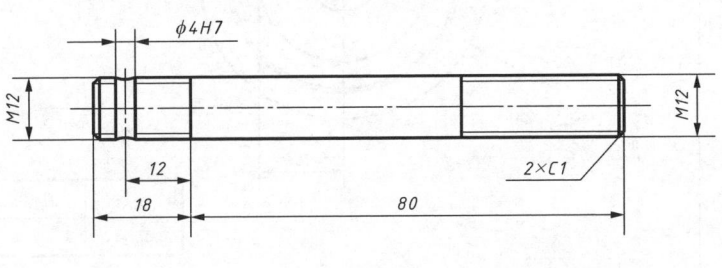

技术要求

1. 该件由螺柱M12×80 GB 899—88改制。
2. 淬火26~31 HRC，低温回火。

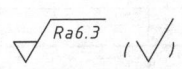

名称	件数	材料
螺柱	1	35

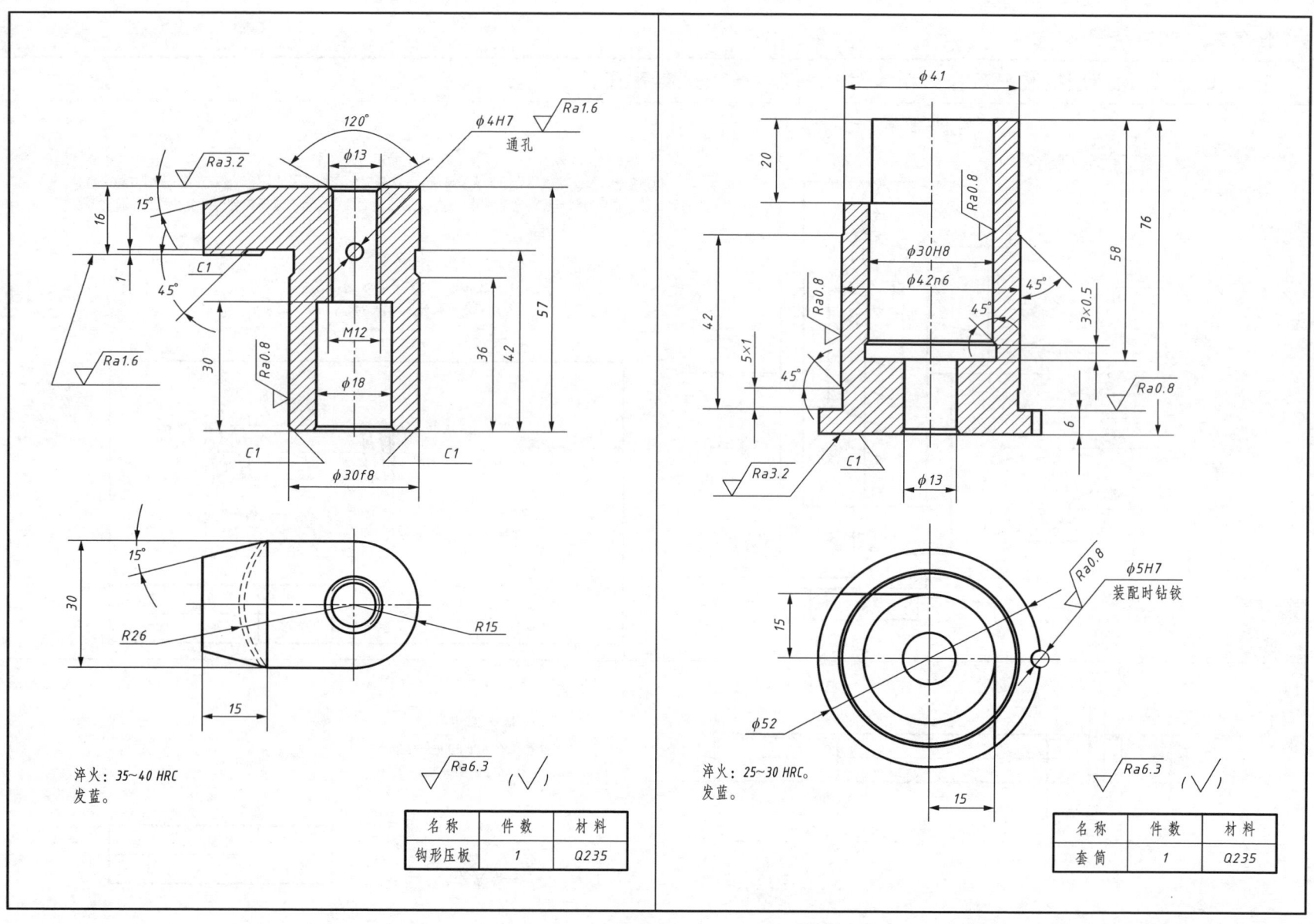

5-2-2 根据齿轮油泵装配示意图和零件图，拼画齿轮油泵装配图。

齿轮油泵装配示意图

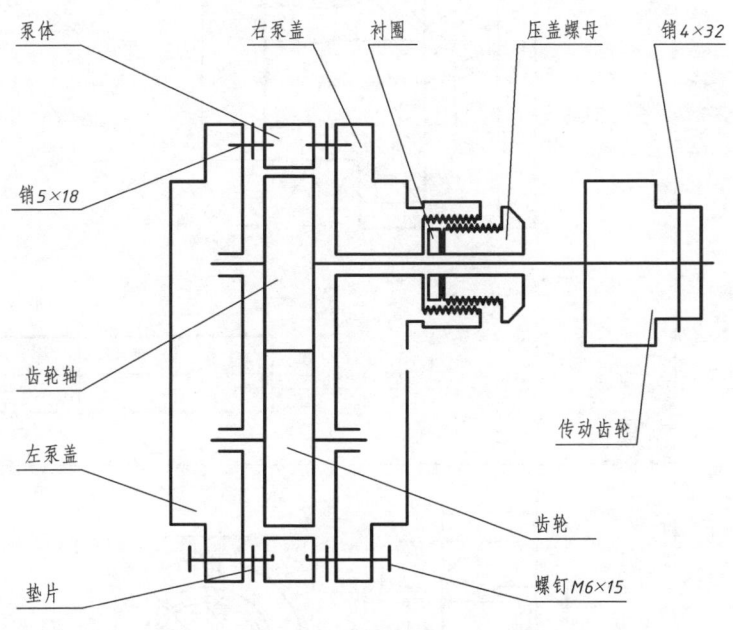

泵体　右泵盖　衬圈　压盖螺母　销4×32
销5×18
齿轮轴
左泵盖
垫片
传动齿轮
齿轮
螺钉M6×15

销5×18	4	GB/T 119.1—2000
销4×32	1	GB/T 117—2000
螺钉M6×15	6	GB/T 70.1—2008
标准件名称	件数	代号

齿轮油泵工作原理

齿轮油泵的工作原理如下图所示。当主动齿轮做逆时针方向旋转时，带动从动齿轮做顺时针方向的旋转，这时右边啮合的轮齿逐渐分开，右边的空腔体积逐渐扩大，压力降低，机油被吸入，齿轮中的油随着齿轮的旋转被带到左边，而左边的轮齿又重新啮合，空腔体积变小，使齿隙中不断挤出的机油成为高压油，并由出口压出，经管道送到需要润滑的各零件处。

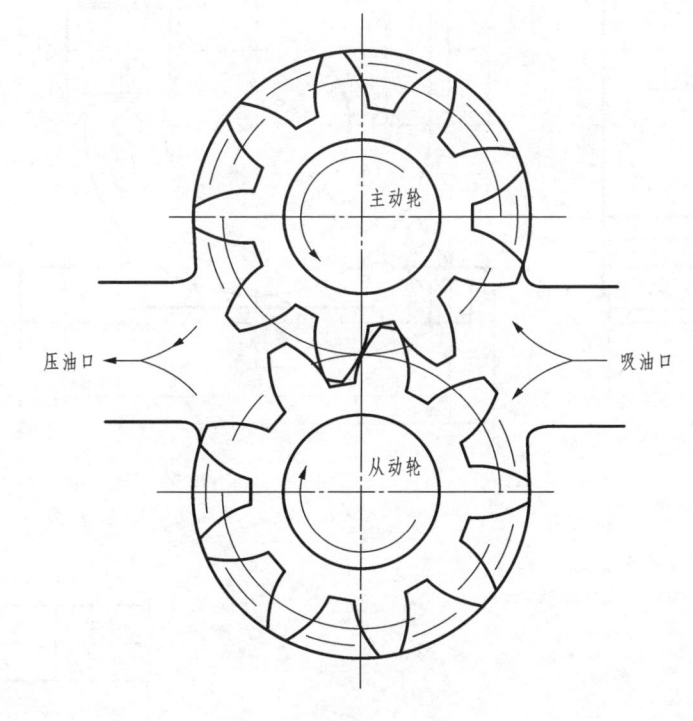

主动轮
压油口　吸油口
从动轮

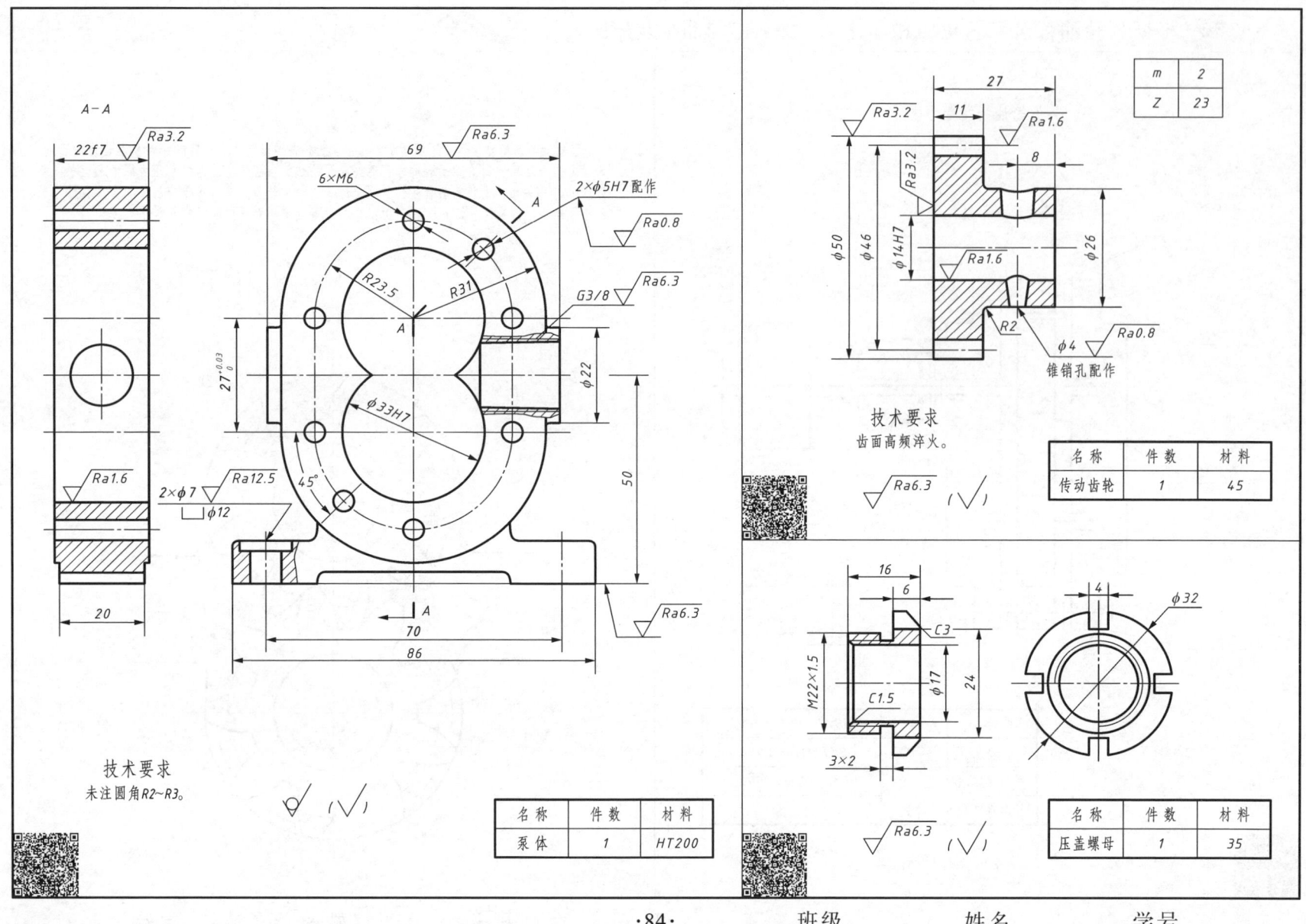

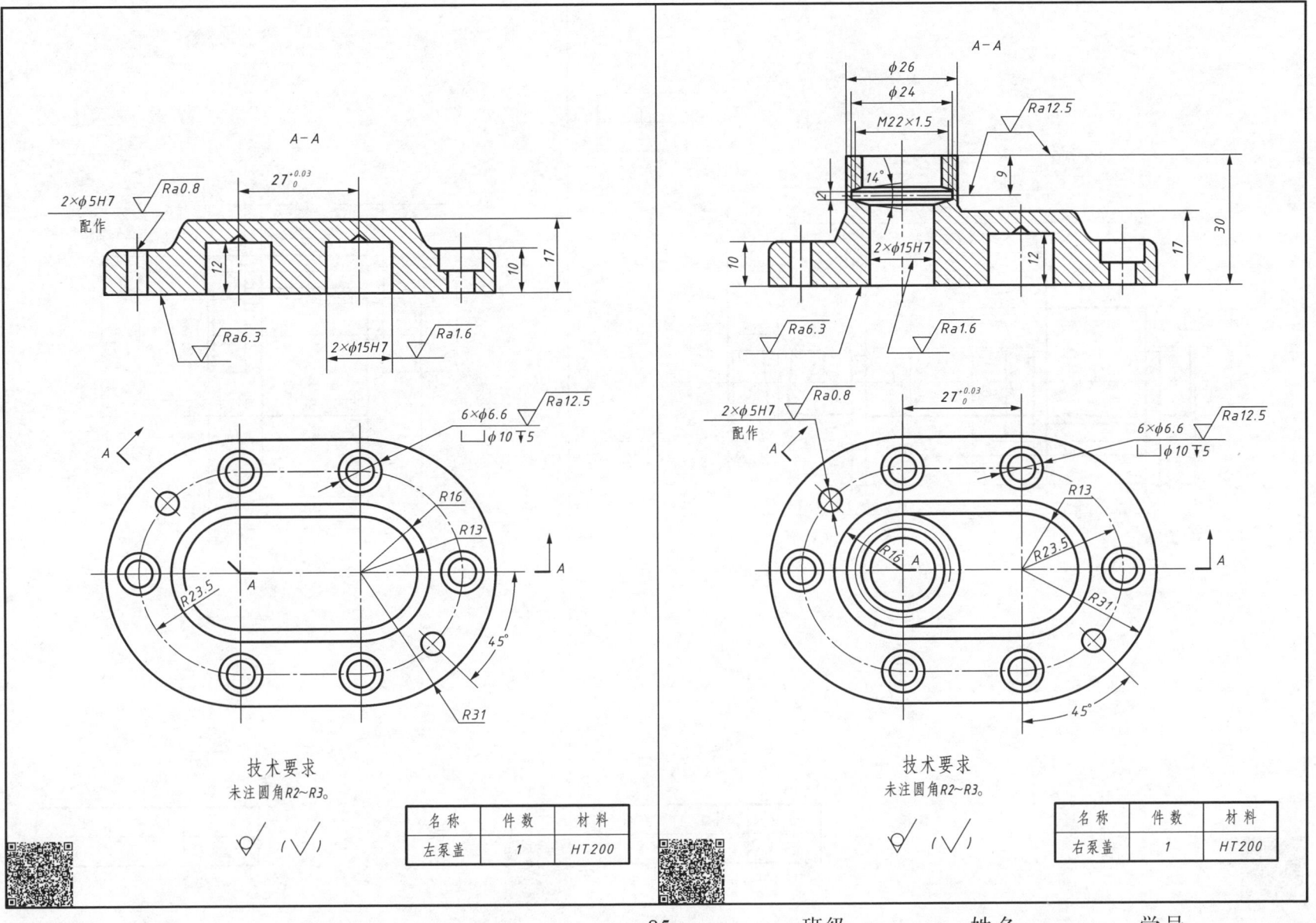

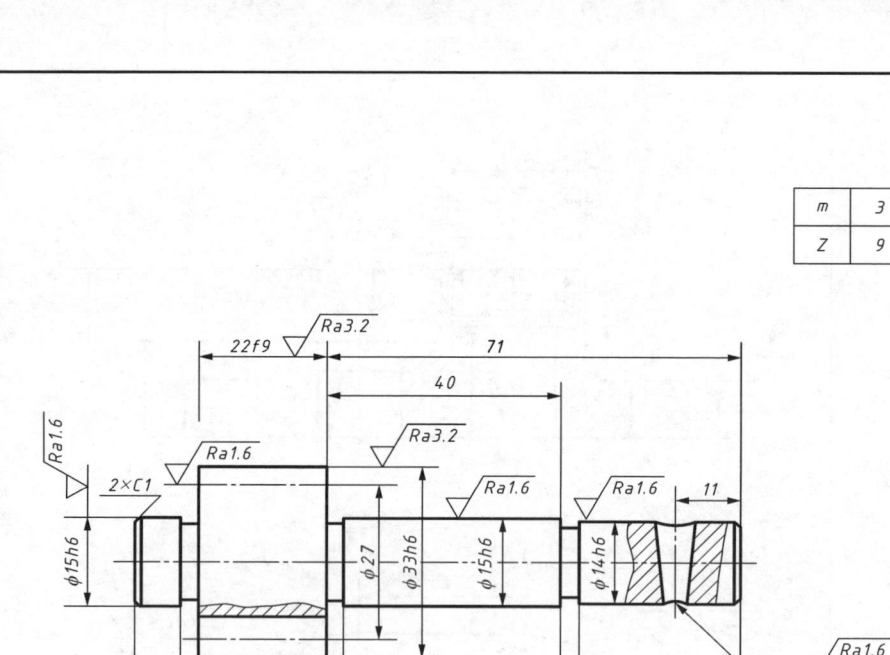

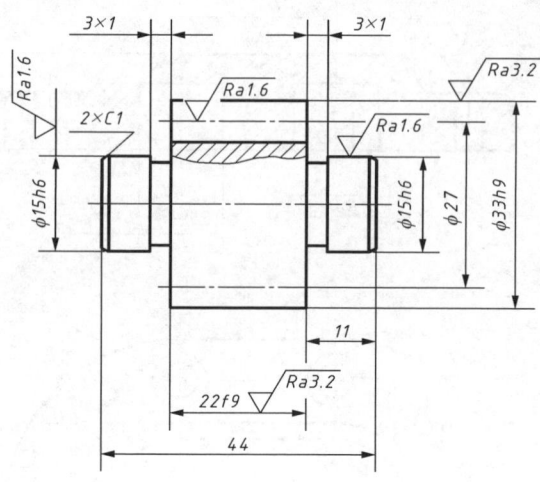

技术要求
1. 齿面高频淬火。
2. 调制220~250 HBS。

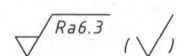

名称	件数	材料
齿轮轴	1	45

技术要求
1. 齿面高频淬火。
2. 调制220~250 HBS。

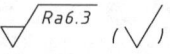

名称	件数	材料
齿轮	1	45

班级　　姓名　　学号

5-2-3 根据安全阀装配示意图和零件图,拼画安全阀装配图。

安全阀装配示意图

安全阀工作原理及说明

　　该安全阀可用于液压系统中,正常情况下,阀口在弹簧力的作用下处于关闭状态。油液从右下边的管口流入,从底下的管口流出。当系统中由于过载等原因使系统压力升高时,达到或超过弹簧力的作用,阀口被打开,部分油液经阀口从左边的管口流回油箱,从而保证系统安全。

　　弹簧力的大小由螺杆10调节。为防止其调后松动,用螺母9压紧。阀门2内底部螺孔的作用是方便拆卸。径向小孔的作用是使弹簧腔与油箱相通,使其压力为零。

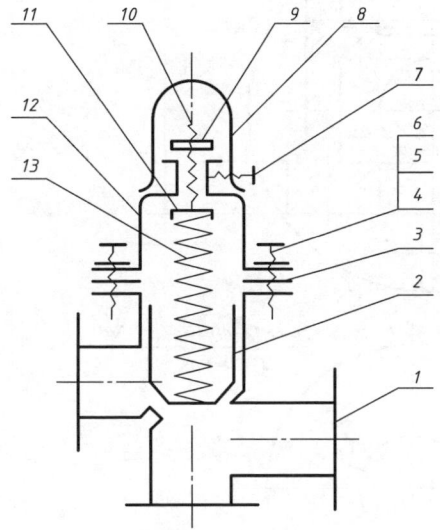

13		弹簧	1	
12		阀盖	1	
11		弹簧垫	1	
10		螺杆	1	
9	GB/T 6170—2015	螺母M16	1	
8		罩子	1	
7	GB/T 75—2008	螺钉M6×16	1	
6	GB/T 97.1—2002	垫圈12	4	
5	GB/T 6170—2015	螺母M12	4	
4	GB/T 900—1988	螺柱M12×35	4	
3		垫片	1	
2		阀门	1	
1		阀体	1	
序号	代号	名称	数量	备注

班级　　　姓名　　　学号

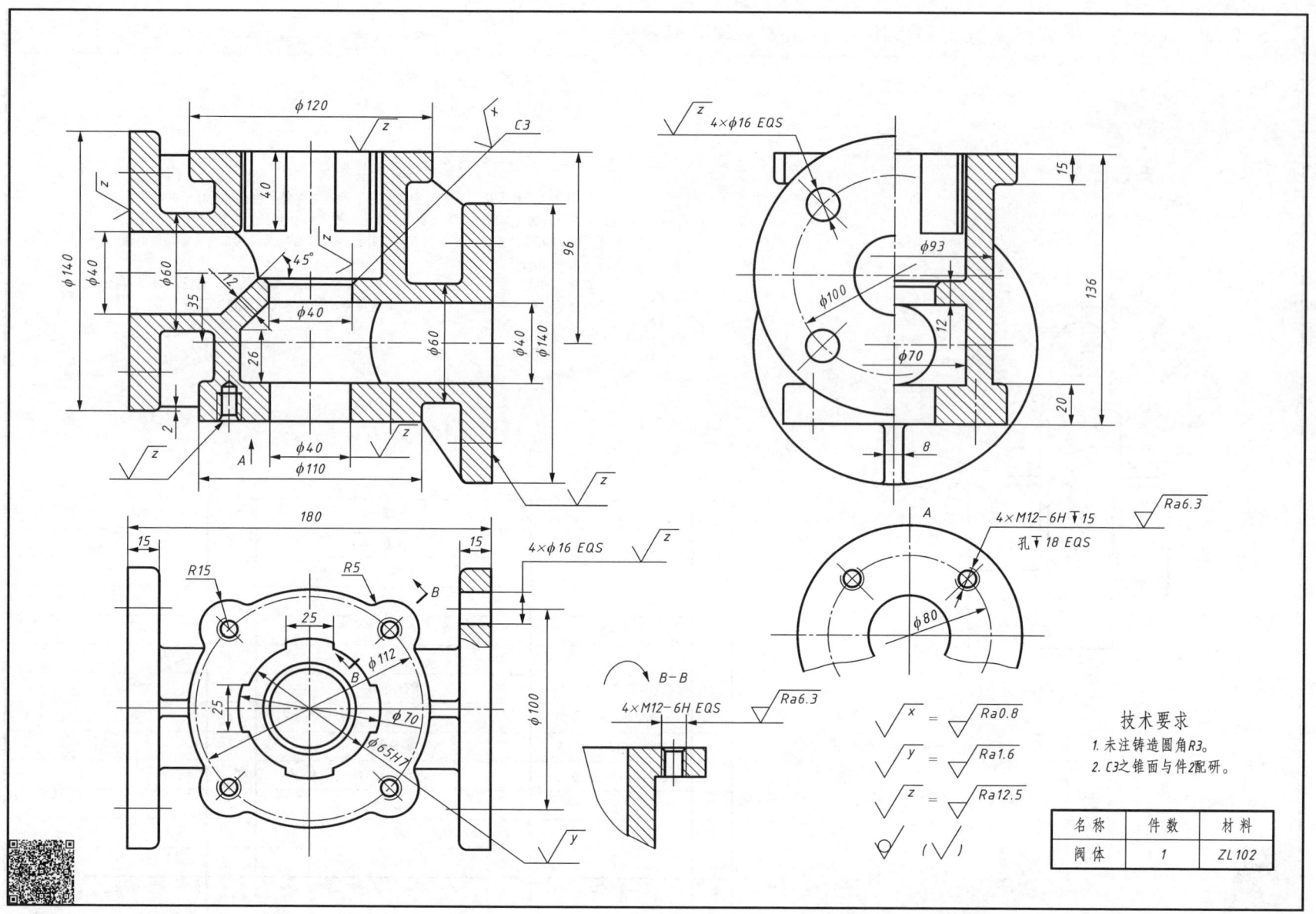

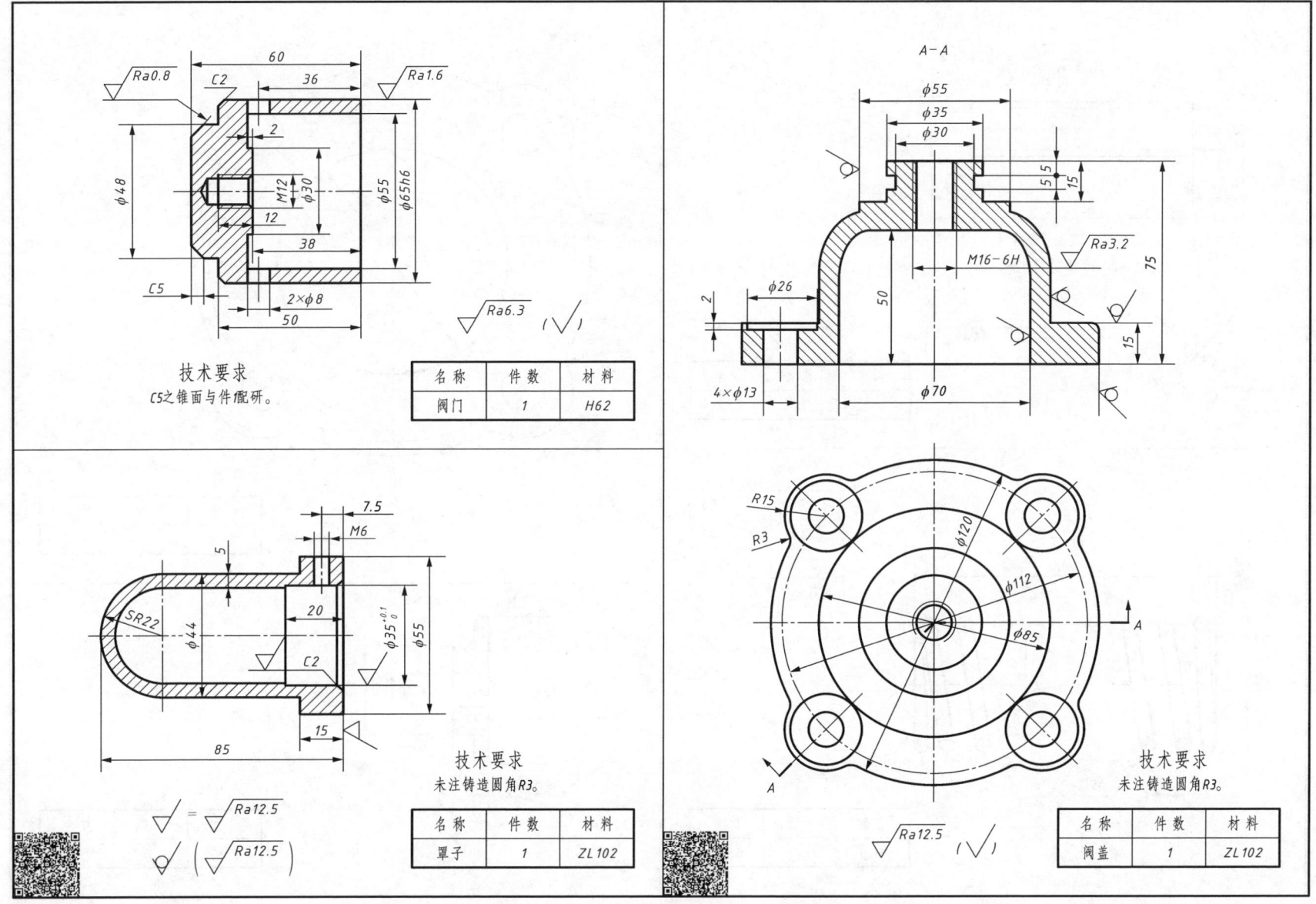

名称	件数	材料
螺杆	1	35

名称	件数	材料
垫片	1	纸板

有效圈数	n	7.5
总圈数	n_1	10
旋向	右旋	
展开长度	L	1262

名称	件数	材料
弹簧	1	65Mn

名称	件数	材料
弹簧垫	1	H62

 班级 姓名 学号

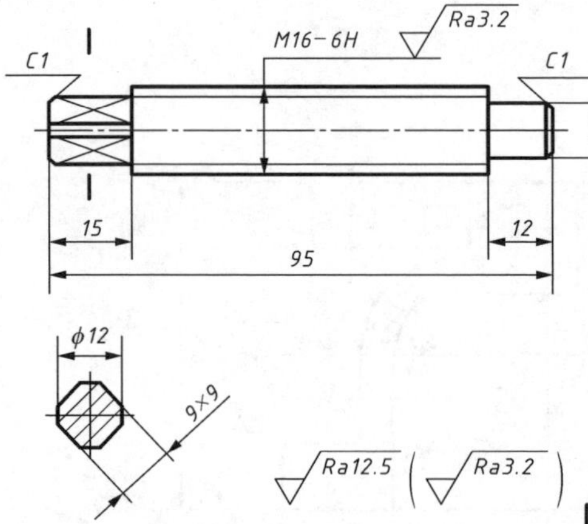

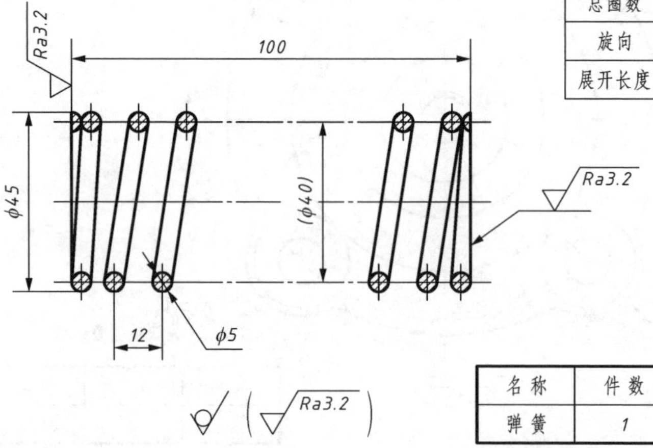

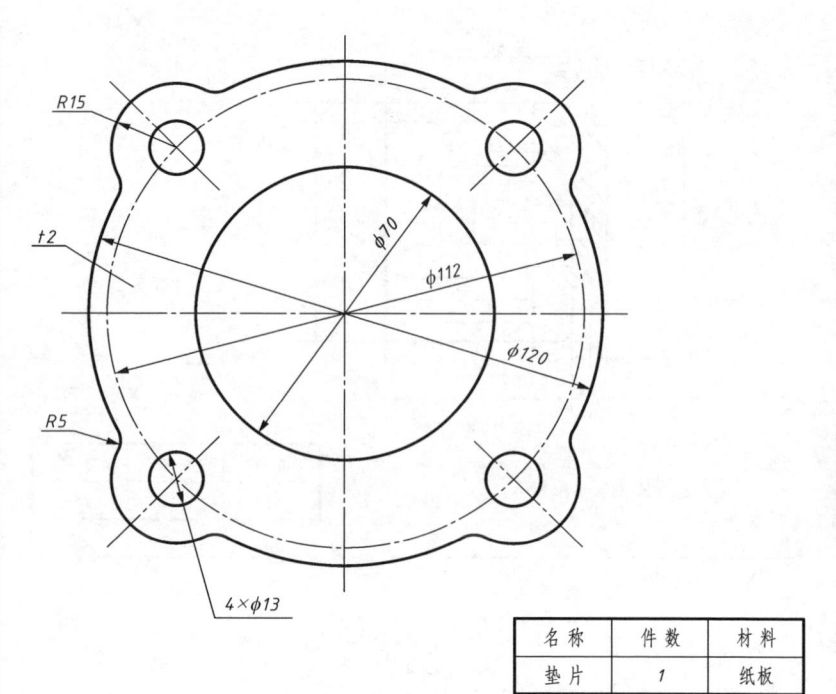

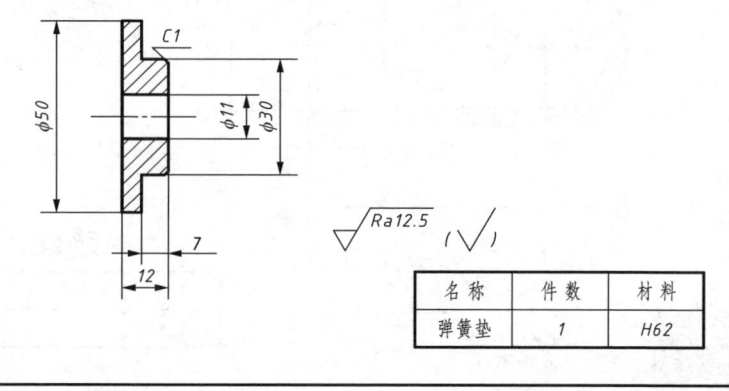

任务三　识读装配图、拆画装配体零件图

5-3-1　阅读钻模装配图,解答问题并拆画零件图。

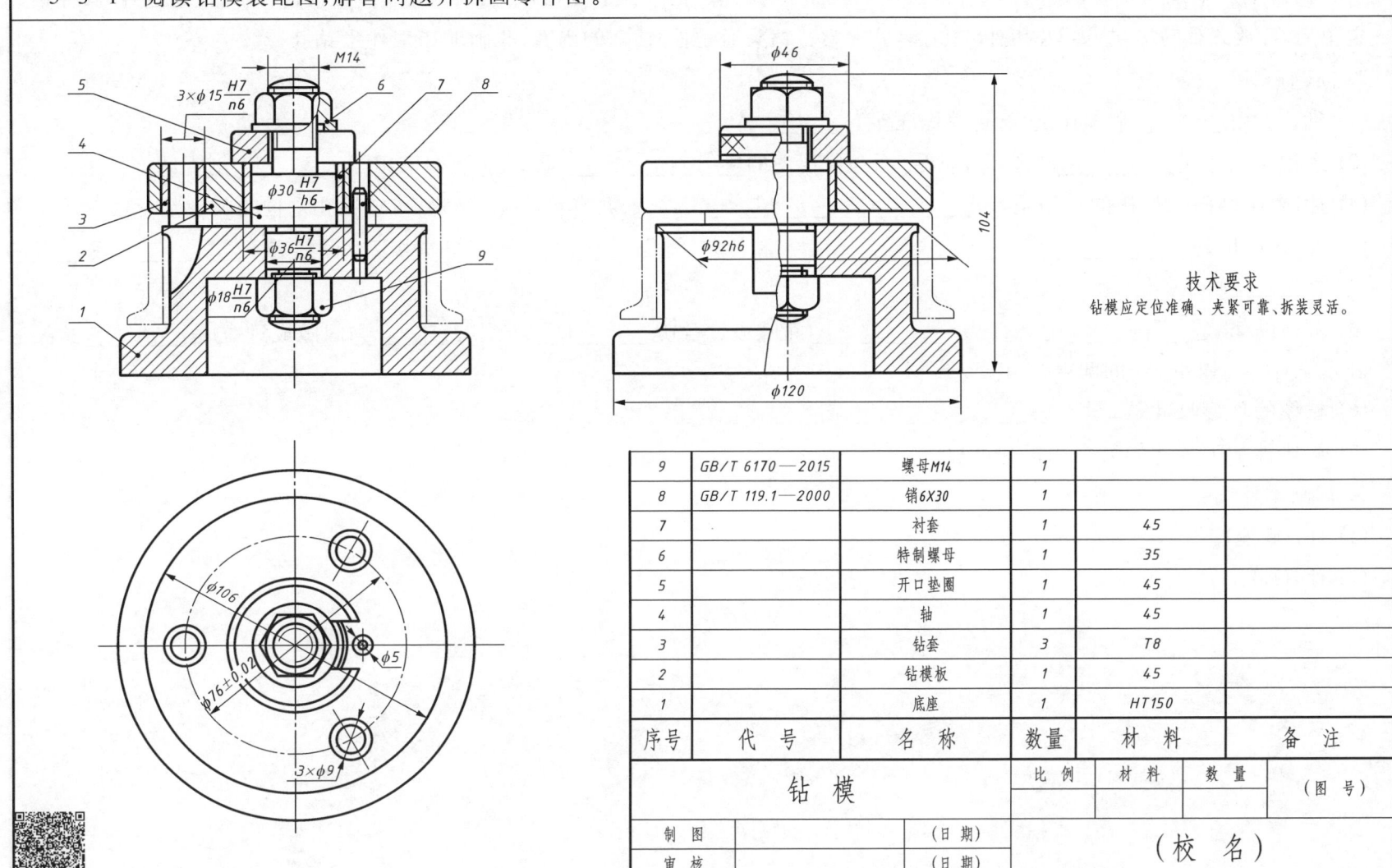

1. 钻模工作原理：
   钻模是用来加工工件(图中用双点画线所示)上孔的夹具。把工件放在件1底座上,装上件2钻模板,钻模板通过件8圆柱销定位后,再放置件5开口垫圈,并用件6特制螺母夹紧。钻头通过件3钻套的内孔,准确地在工件上钻孔。

2. 问题解答：

(1) 钻模共由_____个零件组成,其中标准件有_____个。

(2) 主视图采用了_____剖视图,剖切平面与俯视图的_____重合,左视图采用了_____剖视图。

(3) 件1底座侧面弧形槽的作用是_____,共有_____个槽,与被钻孔定位的尺寸是_____。

(4) 件3的作用是_____,件2和件3之间是_____配合。图中双点画线表示_____,系_____画法。

(5) $\phi 30H7/h6$是___制____配合,最大_____(间隙或过盈)是_____,最小_____(间隙或过盈)是_____,它表示了件____和件____的配合尺寸。

(6) 钻模的外形尺寸是：长_____,宽_____,高_____。

(7) 简述被加工零件的装夹和拆卸过程。

3. 拆画零件图：

(1) 件1(底座)。

(2) 件4(轴)。

5-3-2 阅读止回阀装配图，解答问题并拆画零件图。

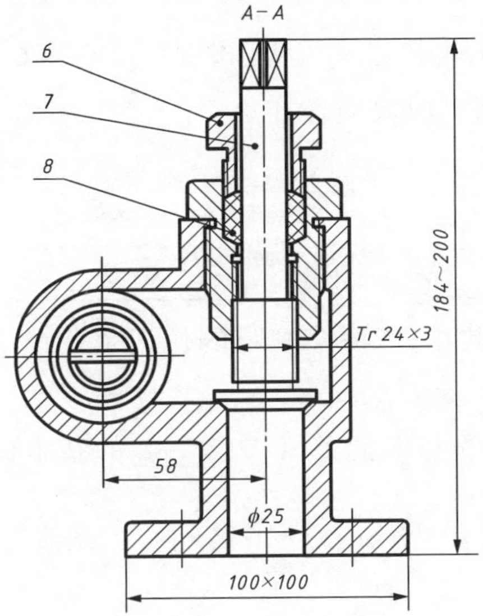

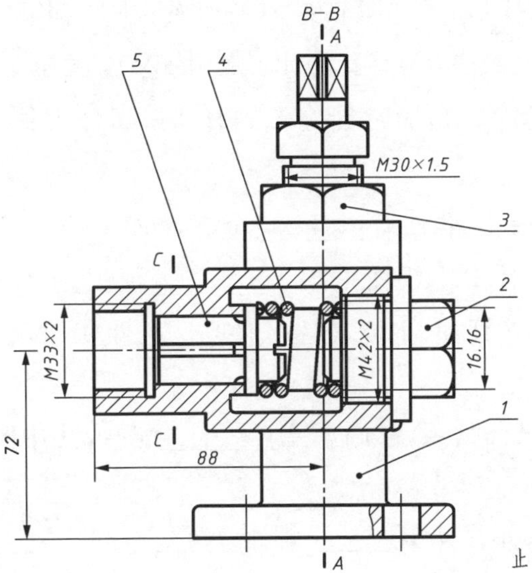

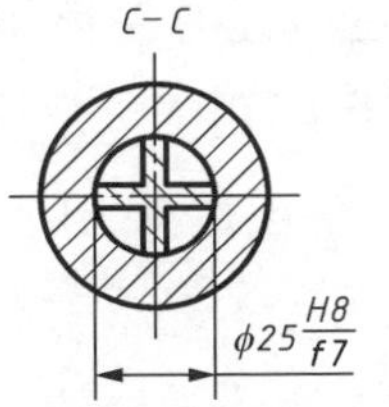

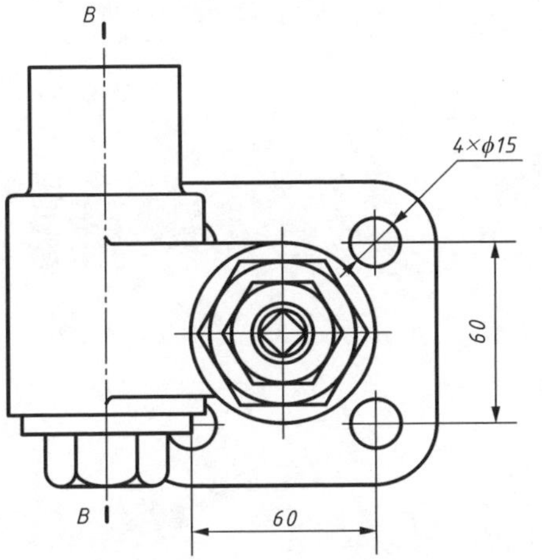

技术要求

止回阀应操作灵活、流体止回与双向截止可靠、无流体泄露现象。

8		填料	1	石棉绳	
7		阀杆	1	H62	
6		填料盖	1	H62	
5		阀瓣	1	H62	
4	GB/T 2089—2009	压簧 YA5×32×32	1	65Mn	
3		压杆螺母	1	H62	
2		调节螺母	1	H62	
1		底座	1	HT200	
序号	代号	名称	数量	材料	备注

止回阀

1. 止回阀工作原理：

　　止回阀是进出口固定不变的单向阀门。当逆时针旋转阀杆7时，阀杆上移打开阀门，流体从后面M33×2的螺孔口进入，在液压的作用下，推开阀瓣5，流入底座1，由底座下φ25孔流出。若孔φ25流体压力大于M33×2中流体压力，阀瓣5在压簧4的作用下向左移动，切断流体通路，实现止回功能。当顺时针旋转阀杆7时，阀杆下移关闭阀门，实现双向截止。

2. 问题解答：

(1) 止回阀共由_____个零件组成，其中标准件有_____个。

(2) 止回阀装配图共采用了____个视图，其中主视图采用了_____视图，主要表达了件___在件1中与_____等零件的装配关系。左视图采用了_____视图，主要表达了件____在件1中的装配关系，其中件2调节螺母的作用是_____。

(3) C-C视图表达了件____与件____的配合关系，它们属于_____配合，其中H表示____的基本偏差，f表示____的基本偏差，孔的精度等级为_____。

(4) 件7阀杆做_____运动，Tr24×3表示了大径____、螺距_____的_____螺纹。

(5) 俯视图中60、4×φ15是_____尺寸，_____尺寸属于性能尺寸。

(6) 止回阀的外形尺寸是：长_____，宽_____，高_____。

(7) 简述件7阀杆的拆卸过程。

3. 拆画零件图：

(1) 件1(底座)。

(2) 件7(阀杆)。

5-3-3 阅读铣刀头装配图,解答问题并拆画零件图。

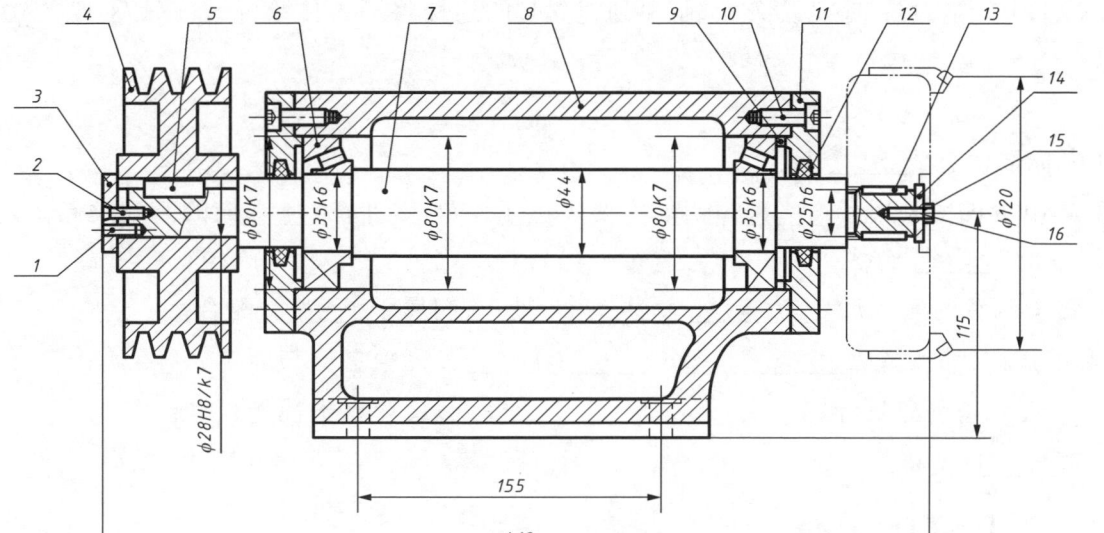
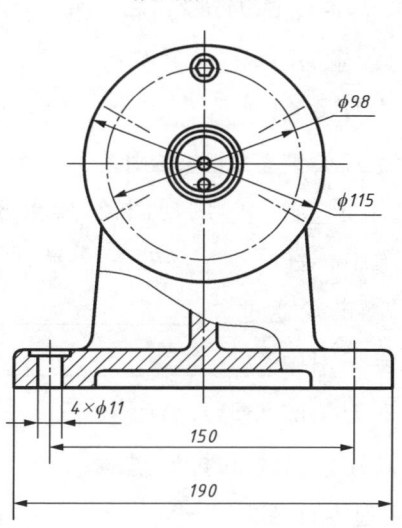

拆去零件1、2、3、4、5

16	GB/T 5782—2016	螺栓M6×20	1		
15	GB/T 93—1987	垫圈6	1		
14	GB/T 892—1986	挡圈B32	1		
13	GB/T 1096—2003	键6×20	2		
12	FZ/T 92010—91	毡圈	2	羊毛圈	
11		端盖	2	HT200	
10	GB/T 70.1—2008	螺钉M8×22	12		
9		调整环	1	35	
8		箱体	1	HT200	
7		轴	1	45	
6	GB/T 297—1994	轴承30307	2		
5	GB/T 1096—2003	键8×40	1		
4		带轮	1	HT150	
3	GB/T 891—2000	挡圈A35	1		
2	GB/T 68—2000	螺钉M6×8	1		
1	GB/T 119.1—2000	销A3×12	1		
序号	代号	名称	数量	材料	备注

铣刀头

1. 铣刀头工作原理：

　　铣刀头是一种用于大件切削的机床附件,可装在龙门铣床上进行铣削加工等。箱体8是基础件,两端安装的轴承6用于支撑轴7。轴7左端安装的带轮4是动力输入端,带轮通过键5将动力传给轴,再通过键13的连接将动力传给安装在轴7右端的铣刀盘,从而带动铣刀进行铣削加工。

2. 问题解答：

(1) 铣刀头共由_____个零件组成,其中标准件有_____个。

(2) 铣刀头装配图共采用了____个视图,其中主视图采用了_____视图,主要表达了件7等零件在_____向的装配关系。左视图采用了_____剖视图,它属于装配图中的_____画法。

(3) 图中标注了_____处配合尺寸,其中轴与轴承的配合尺寸为_____,共_____处,它们属于_____配合。

(4) 件4带轮通过_____实现周向固定,依靠_____实现轴定位与固定。

(5) 装配图中_____尺寸是装配尺寸,_____尺寸属于性能尺寸。

(6) 铣刀头的外形尺寸是：长_____,宽_____,高_____。

(7) 简述件7(轴)的拆卸过程。

3. 拆画零件图：

(1) 件7(轴)。

(2) 件8(箱体)。

项目六　用AutoCAD 2024绘制二维图形
任务一　用AutoCAD 2024绘制与编辑平面图形

6-1-1　绘制基本图形。

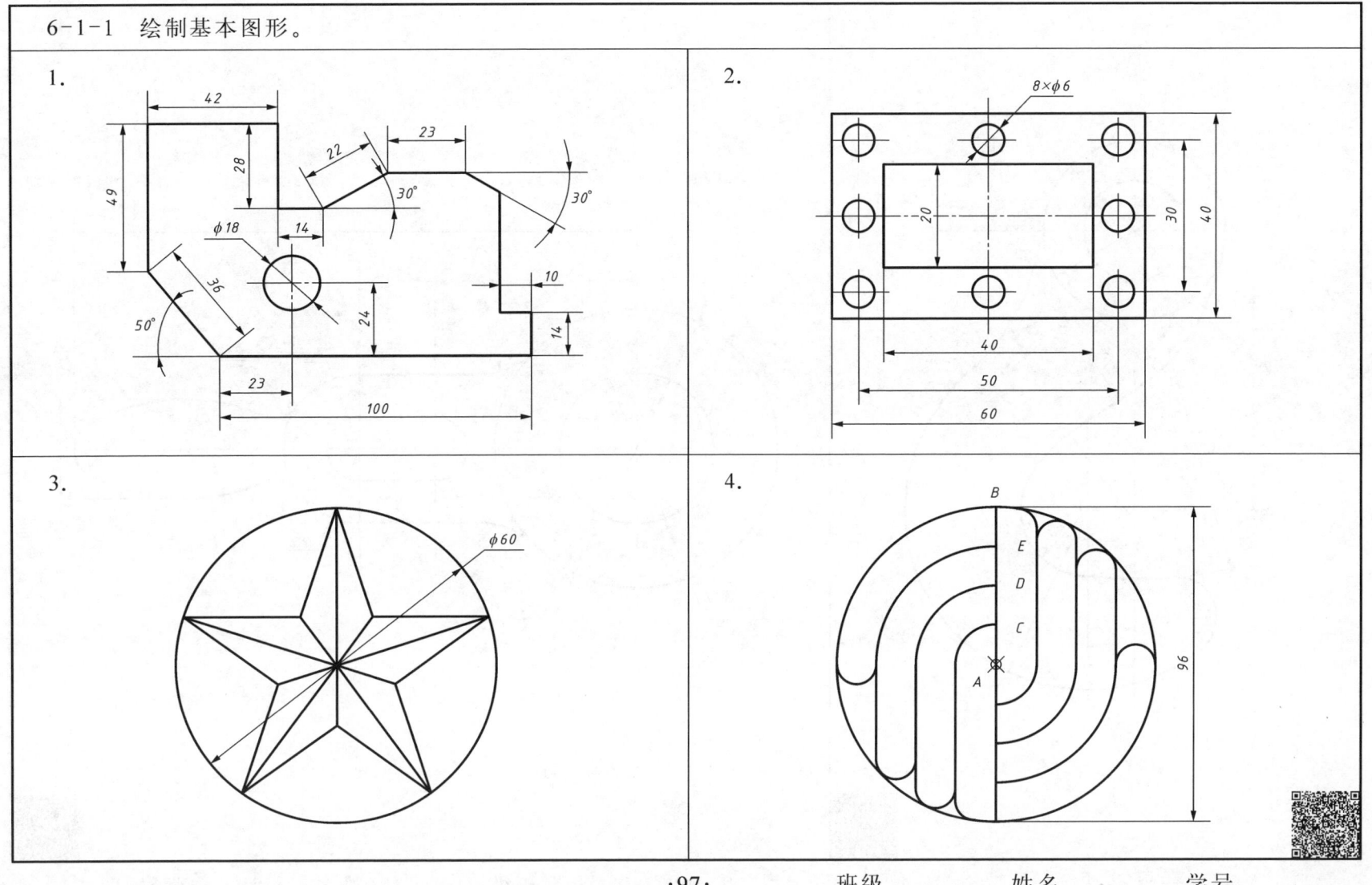

6-1-2 编辑绘制基本图形。

1.

2.

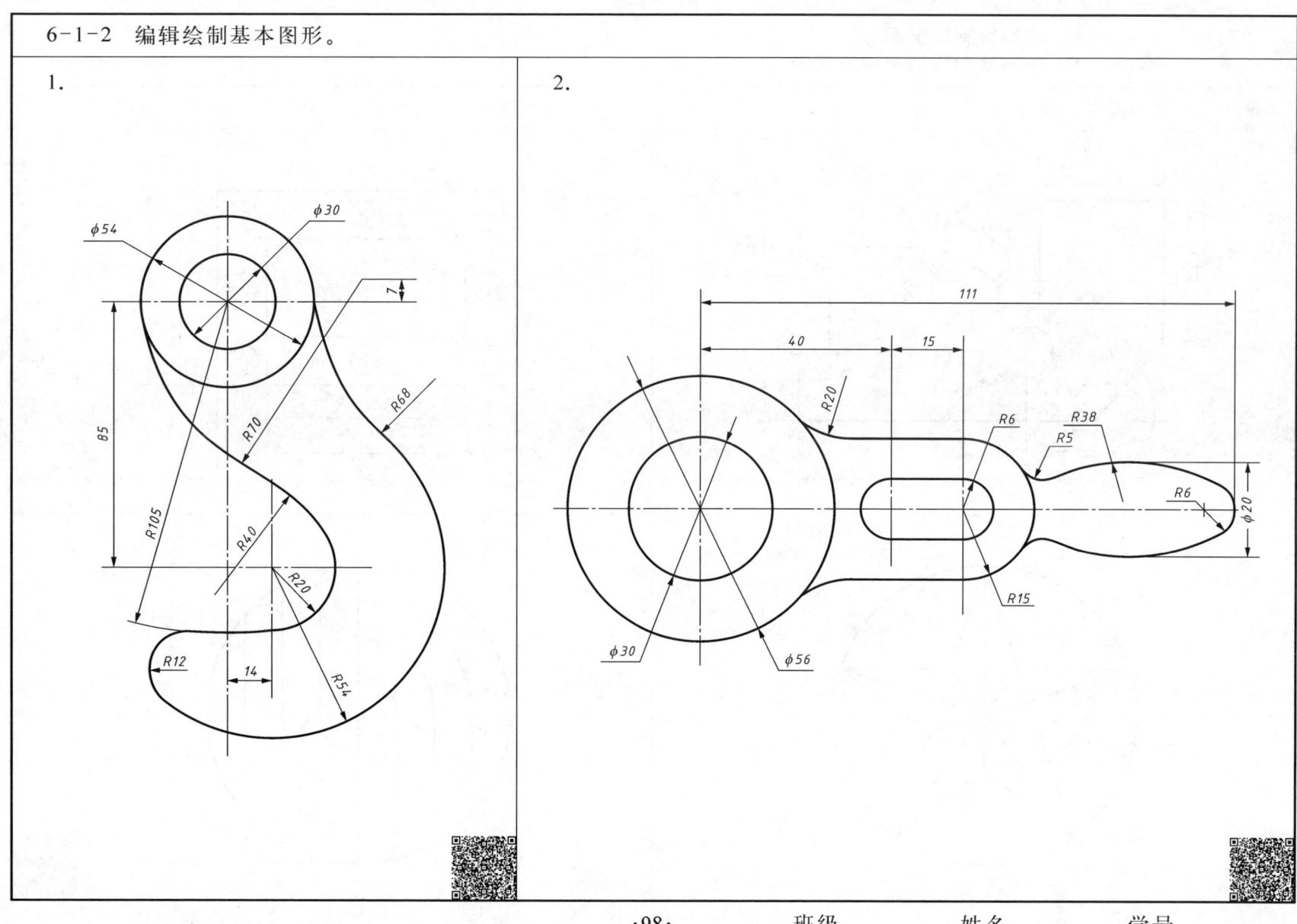

·98· 班级　　姓名　　学号

任务二　用AutoCAD 2024完成平面图形的文字与尺寸标注

6-2-1　绘制平面图形并标注尺寸。

1.

2.

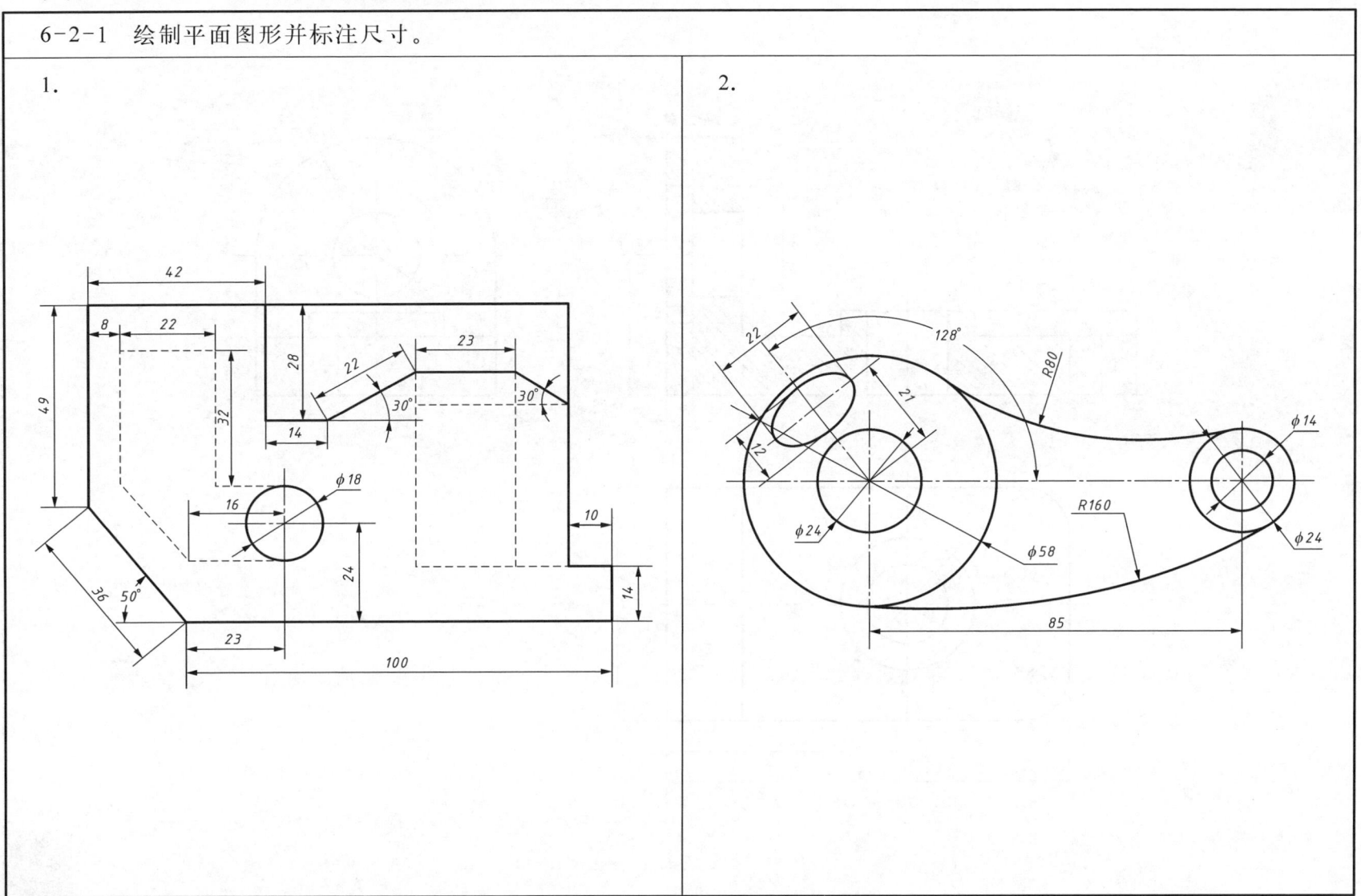

班级　　姓名　　学号

6-2-2 绘制三视图并标注尺寸。

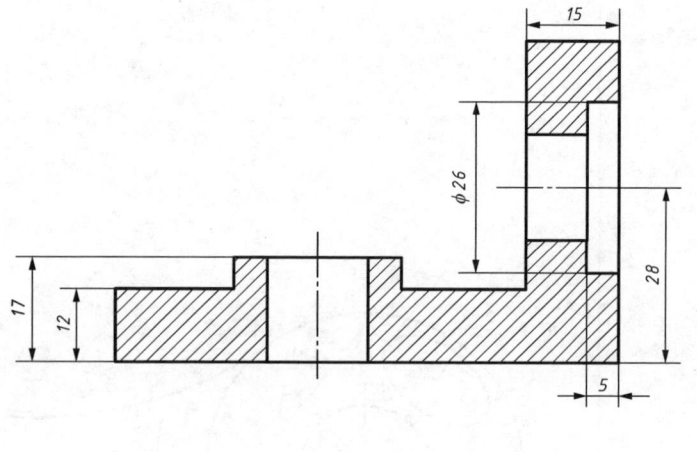
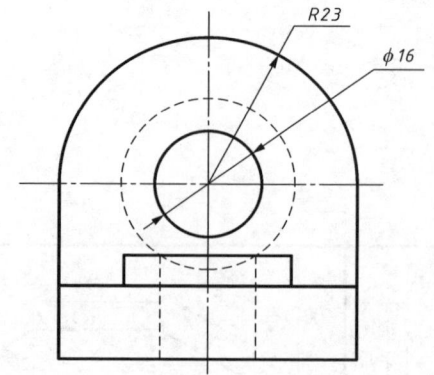
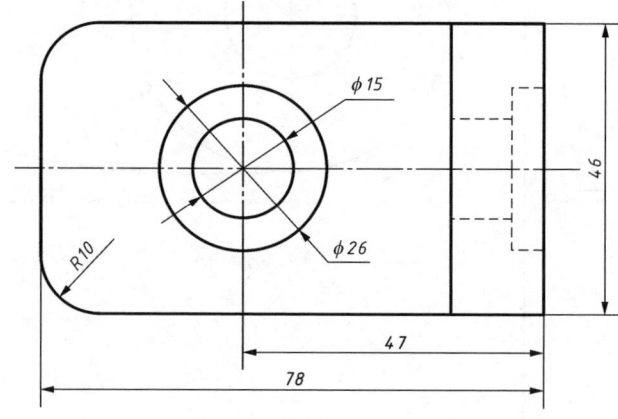

任务三　用AutoCAD 2024绘制零件图

绘制零件图。

1. 绘制轴零件图，并补画 B-B 断面图。

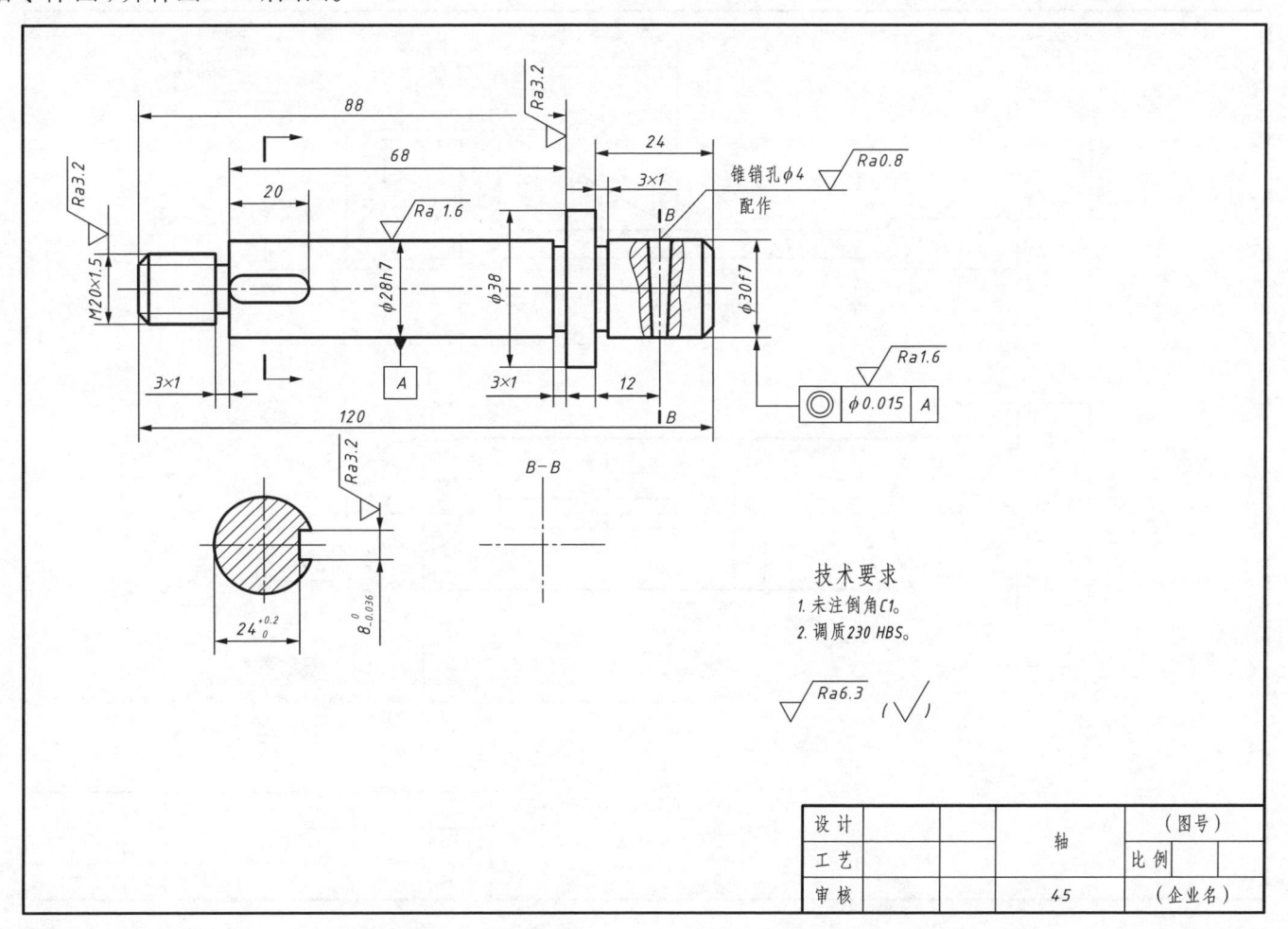

2. 绘制拨叉零件图。

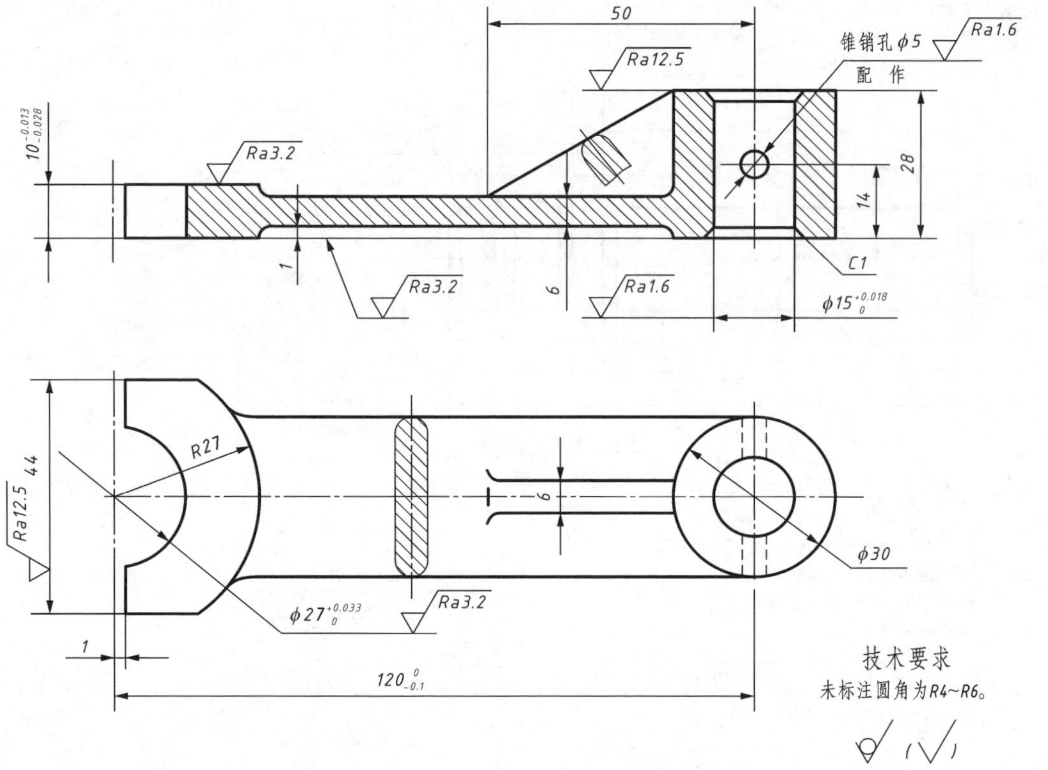

设 计			拨 叉	（图号）
工 艺				比 例 1:1
审 核			HT200	（企业名）

任务四　用AutoCAD 2024绘制装配图

根据零件图及给出的标准件参数,画出定位器的装配图。

1. 定位器装配图。

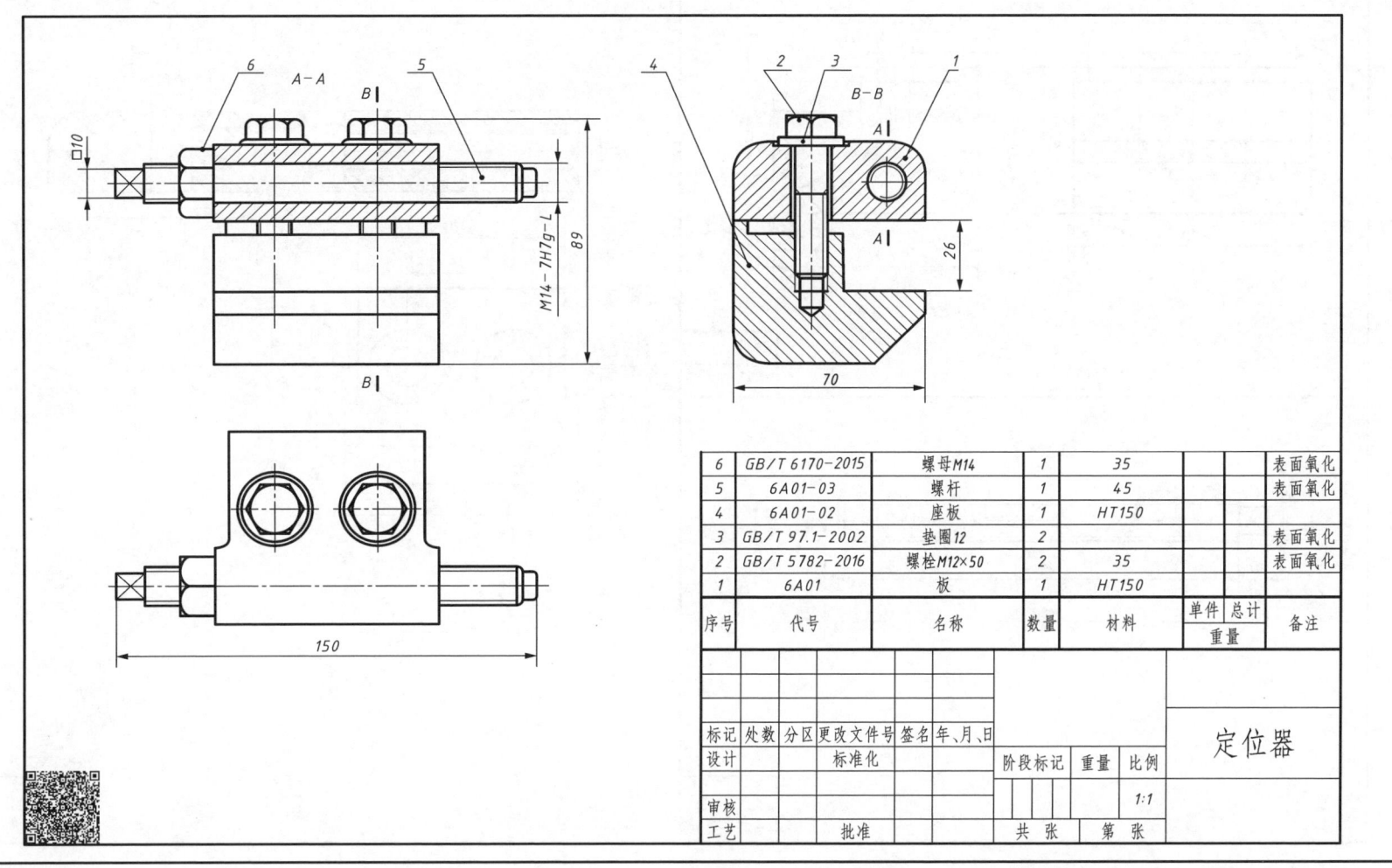

2. 定位器零件图。

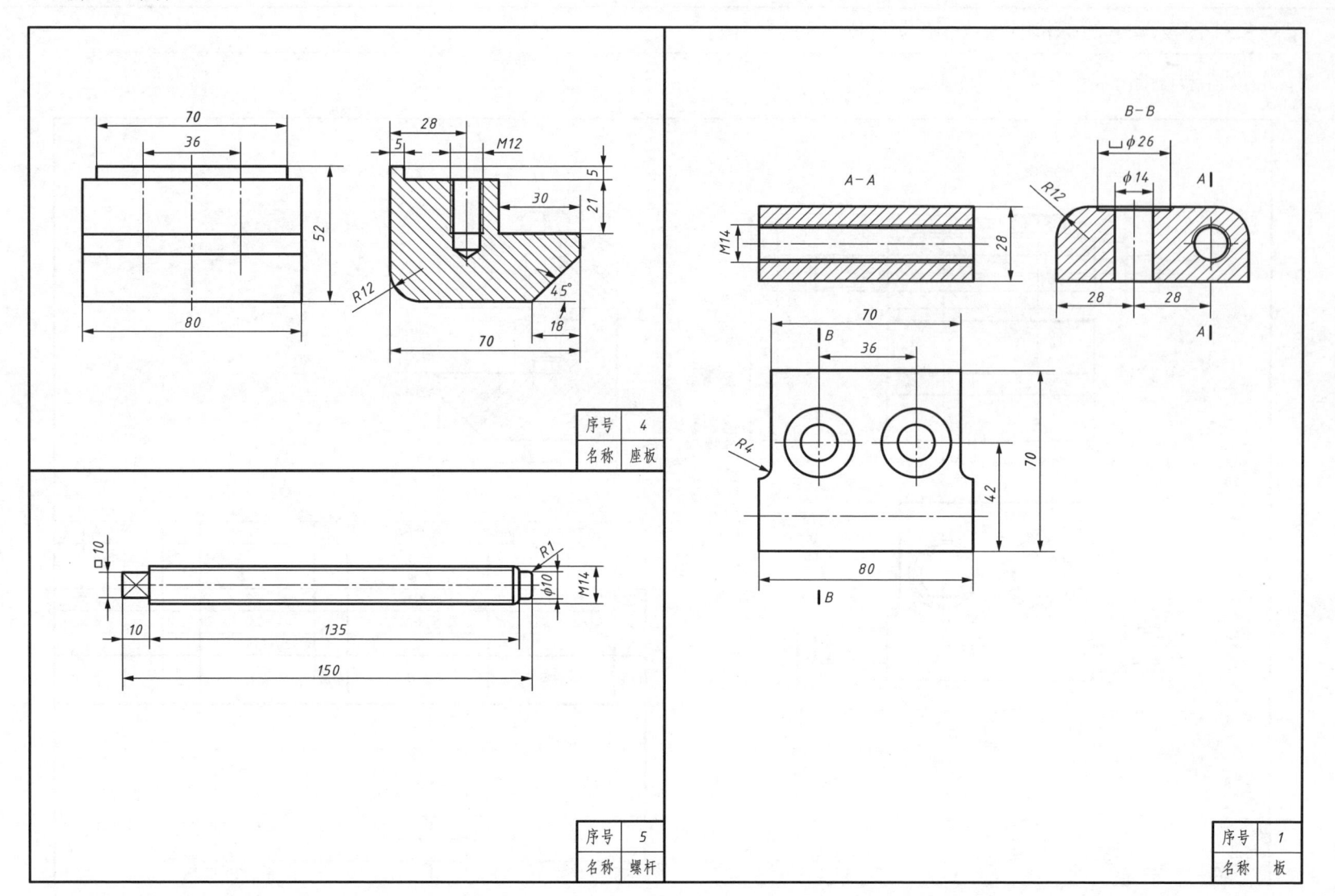

参 考 文 献

[1] 姚茂河.机械制图习题集[M].北京:高等教育出版社,2009.

[2] 王姣,邵娟琴.工程制图习题集[M].北京:化学工业出版社,2017.

[3] 王成华,辛海霞.AutoCAD 2018二维绘图技术[M].北京:化学工业出版社,2020.

[4] 刘力,王冰.机械制图习题集[M].5版.北京:高等教育出版社,2020.

[5] 胡建生.机械制图习题集(多学时)[M].5版.北京:机械工业出版社,2023.

[6] 李广慧,胡远忠.工程制图基础习题集[M].上海:上海科学技术出版社,2014.

[7] 王幼龙.机械制图习题集[M].北京:高等教育出版社,2006.

[8] 姚民雄,华红芳.机械制图习题集[M].北京:电子工业出版社,2009.

[9] 全国产品尺寸和几何技术规范标准化委员会.GB/T 1182—2018 产品几何技术规范(GPS) 几何公差 形状、方向、位置和跳动公差标注[S].北京:中国标准出版社,2018.

[10] 全国产品尺寸和几何技术规范标准化委员会.GB/T 131—2006 产品几何技术规范(GPS) 技术产品文件中表面结构的表示法[S].北京:中国标准出版社,2007.

[11] 全国滚动轴承标准化技术委员会.GB/T 272—2017 滚动轴承代号方法[S].北京:中国标准出版社,2017.

[12] 全国滚动轴承标准化技术委员会.GB/T 292—2023 滚动轴承 角接触球轴承 外形尺寸[S].北京:中国标准出版社,2023.